本书由北京市教委科研计划项目 KM201510016010 资助出版

鸟类友好城市

The
Bird-Friendly
City

［美］蒂莫西·比特利 著
田 琨 苏 毅 译
董 卉 陈品垚 校

中国建筑工业出版社

目录

前言
鸟类友好型城市的设计

　　自然生灵岂止万类，但与鸟的神交，可说予人以最多感动。目及其姿，身绕其态，体感其行，疲惫之躯得以休憩，内耗心灵得以治愈，惊喜之情油然而生，艺术灵感为之迸发；纵屈居都市一隅，无数平凡瞬间因鸟类加入而异彩纷呈。

　　美洲画眉（American Wood Thrush）的啁啾，常令我倍感欢欣宁静，安逸犹如归家，变回那个在户外探险或在后院帐篷里露营的小屁孩。研究表明，我并非孤例。鸟鸣入耳，犹如聆听治疗乐曲。因为这一神奇功效，英国的一家儿科医院会录下鸟鸣声，并在病人压力大的时候播放，比如做手术之前。

　　促成编纂本书的部分原因，是意识到人生路漫漫，鸟类常伴于我左右，我想大多枢纽人亦是如此；我有幸在市中心一幢树木环绕的房子里长大。家里时常有鸟，父母在房子附近安装有鸟类投喂器。我的母亲是个鸟类爱好者，传授赏鸟识鸟的知识。推己及人，其善可期。

　　我总是回忆起鸟伴身旁的经历。北卡罗来纳州海岸度过的一段时光，有着我的美好回忆（大人说，我在那里学会了走路），我还去过佛罗里达海湾沿岸——那里总有很多鸟。褐鹈鹕（Brown Pelicans）紧贴浪尖，时而飞行，时而穿浪，在队列中嬉戏，让我着迷。

　　我在十几岁的时候，与父亲进行了一次穿越阿拉斯加的重要旅行。我们乘船沿着内陆通道往深处走，第一次看到美国白头鹰的情景，至今仍让我觉得兴奋无比。在 20 世纪 70 年代早期，这个物种的生存状况堪忧。我对我看到的白头鹰进行了详细的记录（这些白头鹰数量惊人）。这几周时间，我与父亲的相处以及鸟类和我们的相伴彼此交错，探索其间，深感奇幻。

我的家庭本身与飞行有着不解之缘。父亲曾是美国联合航空公司（United Airlines）的一名机长，操控道格拉斯DC-8 机型，飞西海岸至夏威夷航线。我的愿望一直是成为一名飞行员，这是我自小就具有的强烈兴趣，毫无疑问，我为父亲感到自豪。17 岁时，我驾驶自己家的派珀切诺基140 型单引擎飞机学习飞行，获得了飞行员执照。其实在驾驶动力飞机之前，我就已经在滑翔机（或滑翔翼）上勤学苦练了，并获得了商业滑翔机执照，并在一小段时间驾驶滑翔机。

滑翔机提供了一种尽可能接近真实鸟类飞行的体验。我对土耳其秃鹫（Turkey Vulture）有一种特殊的亲切感，我和它们共享着弗吉尼亚州皮埃蒙特的天空。我惊叹于它们能毫不费力地无止境地滑行、滑翔、盘旋，几乎不需要扇动翅膀。我对秃鹫的喜爱早在我驾驶滑翔机之前就开始了，我们这些滑翔机爱好者对它们有一种特殊的迷恋，我们知道要努力朝它们的方向前进，抓住它们用来保持飞行的热气流。对我而言，翱翔的秃鹫总是美丽和优雅的化身，它们似可超脱地心的束缚。

我成年后的生活在很大程度上也与鸟类有关。当我和妻子及家人住在荷兰莱顿，一个人口密集的古城时，我们花了很多时间观看城市运河上的鸟类生活，包括新孵化的天鹅（Swan）家庭和我们最喜欢的鸟类之一白骨顶（Coot）。如果没有这些鸟的存在，我们对这座历史悠久的美丽城市的体验就会大大减少。大约十年后，在澳大利亚，日常生活几乎是由可听可见的、感觉新奇的鸟类来定义的。当我们搬进悉尼海滩郊区库吉（Coogee）的一套新公寓时，一群厚脸皮的葵花凤头鹦鹉（Sulphur-crested Cockatoos）在阳台上迎接我们，它们对这些新住户是谁以及它们是否会慷慨地提供食物很感兴趣。我们在澳大利亚很喜欢这种鸟和它们的同类。后来，我们搬到西澳大利亚的弗里曼特尔（Fremantle），有几次我们回来时，总能听到澳大利亚渡鸦（Australian Ravens）神奇的叫声和喜鹊（Magpies）长笛般的小夜曲。我开始把这些喜鹊当成我的朋友和共同居住的居民，我还记得和它们之间的亲切互动。

　　我长期研究的目的是了解城市和创新管理城市化。即使是在世界其他地方的短期访问中，鸟类也总是引人注目的存在。我珍藏着关于在牙买加金斯敦（Kingston, Jamaica）看到的让人着迷的"医生鸟"（Doctor Bird）（牙买加国鸟）和一只美丽的长尾蜂鸟（Long-tailed Hummingbird）的记忆。

图 0-1　鸟类共同分享着我们的空间和生活。图中，一只猫鹊（Catbird）栖息在我位于弗吉尼亚州夏洛茨维尔的屋后平台上
（图片来源：蒂莫西·比特利）

我很早已经意识到建筑环境对鸟类有杀害和伤害性。三十多年来，在任教的弗吉尼亚大学建筑学院，我目睹过鸟类撞击玻璃面或死或伤的后果。我曾把一只受伤的鹬（Snipe）送到了维吉尼亚野生动物中心（Wildlife Center of Virginia），并记录了其他鸟类的死亡情况。多年来，如何防止鸟类撞墙一直是人们讨论的焦点。在一段时间里，大窗户上出现了某些剪影图案，但由于种种原因，它们最终被拆除了。我为没有采取更多措施来推动鸟类友好型玻璃或墙面的出现而感到内疚。这本书也是为了弥补前述不足而作。这所高校的情况表明，提高对我们生活和工作中遇到的鸟类的关注，并不容易，需要戒骄脱愚。

四十年时光飞逝，我重新认识到鸟类之重要：它们一直存在于我的生活里，始终相伴，愿观之，亦愿听之，我亦时时收获着乐趣。

在着手与本书有关的研究工作的时候，我期望城市发展潮流为鸟类而改变。希望规划师、建筑师和设计师们能开始意识到（主动地）将鸟类纳入设计思考的必要性，而不仅仅是（被动地）减少建筑对鸟类的负面影响。我希望本书能激励读者做他们能做的，积极将市区提升为鸟类栖息地，让市区成为鸟类不可缺少的家——这既是为鸟类利益，更是为我们自己的福祉着想。

令人鼓舞的是，旧金山等城市，率先采用了与鸟类安全有关的强制性建筑规范，纽约、芝加哥等许多城市也纷纷效仿。看我们如何设计体育设施，如密尔沃基的新篮球馆，已经考虑到了鸟类的安全，这是令人鼓舞的。当然，我们还有很多事情要做，关于哪种设计和规划策略能够最好地确保城市拥有丰富和健康的鸟类种群，还有很多问题需要回答，但随着人们对鸟类生存威胁认识的不断增强，我们开始朝着正确方向前进。然而，这是一个令人胆寒的时代，不少物种在灭绝，面临着栖息地急剧退化或丧失，以及气候变化的严重影响。鸟类爱好者也必须做很多事情，包括在市区内外从事保护和改善工作。与此同时，城市可以推动改革，对鸟类产生强大的有益影响。

　　先简要介绍以下几章将讲述的故事。首先，有许多英雄值得感谢，也有一些值得效仿的鸟类保护故事。几个主要城市的奥杜邦团队对本书的写作卓有贡献，如俄勒冈州波特兰市、加利福尼亚州、旧金山、纽约亚利桑那州凤凰城、宾夕法尼亚州匹兹堡等地的护鸟组织，都有出色表现。我尽可能在这些有故事的城市进行了访谈，在某些情况下，采访过程中还制作了一部简短的纪录片（用这些引人入胜的片段剪辑成了一部完整的电影；同时，短片可以在 BiophilicCities 网站找到）。采访通常是通过电话进行的，并在尾注中注明了日期和其他细节。

　　后续章节将讲述多种鸟类。在大多数情况下，我使用了鸟类的常用名，是希望本书更通俗易读。所有鸟名均大写，以恪守（一视同仁地）尊重所有生命内在道德价值的承诺。

　　这本书表达了我作为一个城市科研工作者和城市规划师的观点：城市让生活更美好，城市也能够且应该对鸟类更友好。希望鸟儿能常相伴左右，栖息人间，即使人们无法时刻观鸟、听鸟，生活仍会因之大为改观。

　　在我们努力保持地球适合人类和所有其他生物居住的同时，我们需要越来越多地将城市视为自然之域。鸟类符合这一新的"合生城市"或"亲自然城市"的愿景，这些城市寻求与自然世界的最大联系，将自然环境作为规划设计的中心。这本书将帮助我们扩大这些努力，并给城市一些实用指导和有启发借鉴意义的案例，如何令城市更适于鸟类生活。合生城市的愿景，是与其他生命形式在同一空间共存共栖，尤其是鸟类，我相信，这是合乎天性人伦的全球城市主义的新模式。

致谢

衷心感谢世界各地为鸟类代言的个人与组织。

特别感谢花时间现场调研及接受本书采访的人，包括：罗宾·贝利、妮基·贝尔蒙特、亚当·贝图尔、罗克珊·鲍嘉、吉姆·邦纳、贾斯汀·鲍、布莱恩·布里斯宾、莉娜·陈、格雷格·克拉克、卡姆·科利尔、查尔斯·多尔蒂、奇普·德格雷斯、金·德拉涅克斯、艾伦·邓肯、苏珊·埃尔宾、卡尔·埃莱凡特、玛丽·埃尔夫纳、凯蒂·法伦、莫·弗兰纳里、盖瑞特·格里特森、玛丽森·古西亚诺、朗尼·霍华德、伊万诺夫、凯特·凯利、沃尔特·凯姆、丹尼尔·克莱姆、马修·克奈特尔、苏珊·克劳肯、凯伦·克劳斯、德鲁·拉纳姆、尼娜 – 玛丽·利斯特、约翰·马兹卢夫、埃德沃德·梅尔、迈克尔·米苏尔、诺埃尔·南努普、彼得·纽曼、蒂姆·帕克、达斯汀·帕特里奇、安德鲁·佩里、朱迪·波洛克、安玛丽·罗德格斯、约翰·罗登、劳伦斯·鲁比、克拉克·拉什、鲍勃·塞林格、维姬·桑多、卡尔·施瓦兹、保罗·斯皮尔、王文森（WOHA 设计公司创始人之一）、卢米娅娜·塞切娃、郎·萨瑟兰、黛博拉·坦嫩（澳大利亚考拉基金会主席）、道格·塔拉米、阿德里安·托马斯、劳拉·汤普森、诺琳·维登、杰夫·威尔斯、简·温宁格、尼基·韦斯特、唐·威尔逊和凯西·怀斯。

在这本书的研究和写作期间，我们成功制作了几部短片。特别感谢那些帮助制作这些电影的个人和单位，特别是那些才华横溢的电影人。安东尼·库珀（Antony Cooper）拍摄和剪辑了影片《穴居猫头鹰：栖身于亚利桑那州凤凰城》（*Burrowing Owls: Building Habitat in Phoenix, AZ*）、

《俄勒冈州波特兰市的野猫之旅》（*Catio Tour, Portland, Oregon*），以及《俄勒冈州波特兰德查普曼小学的雨燕窝》（*Swift Roost at Chapman Elementary School, Portland, Oregon*）。劳拉·阿什曼（Laura Asherman）制作和编辑了《让亚特兰大成为一个鸟类友好型城市》（*Making Atlanta a Bird-Friendly City*），其中包括皮埃蒙特公园新的雨燕塔的故事。这些短片和其他短片都可以在"合生亲自然城市"网站上观看。

第一章
人工世界，鸟有益处

薄云朗朗四月天，麻鹬啾啾在耳边。
春深或须待时日，惜鸟情满溢心田。

——法洛登·格雷子爵
（Viscount Grey of Fallodon）

鸟类因有益于人而广得好感：大到扮演全球生态系统的关键角色，小到跳跃于公园长凳之侧，为孤独的人带来愉悦——种种原因，促使我们为确保鸟类的安全环境而竭尽全力。研究表明，鸟类能够对人类的情绪健康产生积极的影响，具有推动地方及全球范围内经济增长的能力，并且在生态上也发挥着举足轻重的作用。除此之外，如果仅从生命价值的理论出发，人类也应该为防止鸟类受到伤害而努力。

人类与鸟，情感相系

鸟类深深吸引我们。在我们身边时，人所感受到的快乐和喜悦不可否认；对许多人来说，鸟类是人类与自然和生命系统先天融合互爱的关键方面。这种联系被称为"合生性"（Biophilia），对有生命造物的爱意。许多人述及过鸟类的感染力和重要性。

城区需要鸟鸣。鸟鸣令城市更宜居，提升幸福感。身边鸟语让我们不觉得岁月虚度。我们可以从北方嘲鸫（Northern Mockingbird）鸣叫中感到诚挚，从红雀（Cardinal）动作里看到幽默，从美国乌鸦（American Crow）习惯中体会好奇心。我经常相信，土耳其秃鹫（Turkey Vultures）在空中热身——搜索觅食——用另一种方式来解释：它们从事着一项快乐的运动，那对于它们而言是一种全身舒适的深层享受。对于地球上的人类来说，观鸟当然同样是一件令人高兴的事情。

法洛登·格雷子爵（Viscount Grey of Fallodon）1927年出版的《鸟类的魅力》（*The Charm of Birds*）一书中，有力地阐述了我们被鸟类所吸引的众多原因。他在《飞行和鸣叫中的快乐》一章中写到，春日里麻鹬（Curlews）

飞翔的景象与清脆的鸣叫声，对他而言，意味着"和平、休憩、治愈、欢乐与无时无刻的幸福感。"

观鸟飞，闻鸟鸣，是一种纯粹的享受与喜悦，更值得一提的是，鸟类本身似乎也沉浸在这份欢乐之中。"飞行是实用的，"格雷说，"鸟类除了能够通过飞行来觅食、躲避天敌、改变自身所处的气候，还能通过飞行来表达幸福和快乐。并且，鸟类还被大自然赋予了超越一切其他生物的天赋——一副天籁之音，它们可以通过优美的声线向人类的心灵传达自然界中存在的幸福和快乐。"[4]

《寂静的春天》（*Silent Spring*）的作者蕾切尔·卡森（Rachel Carson），有力地阐述了敬畏与好奇在我们生活中的重要性，以及将其传授给我们后代的必要性。从很小的时候起，她就经常在宾夕法尼亚州家乡的山上漫步，探寻鸟类以及其他动物的奥妙，这份热爱，也伴随了她一生。在早期（1956年）发表于《妇女家庭指南》（*Woman's Home Companion*）的一篇文章中，她写道：

> "如果我的言辞能对那位负责主持所有儿童洗礼仪式的仙女产生影响的话，我就会请求她赋予世间的所有儿童一种坚不可摧的新奇感，这种新奇感将持续一生，并作为一种永恒的灵药，让他们不致对晚年的生活产生厌倦，不致徒劳地关注人情世故，不致脱离自身的力量源泉。"[5]

清凉泉自然保护区（Cool Spring Nature Preserve），位于美国西弗吉尼亚州（West Virginia），是一个32英亩的保护区和观鸟中心，归波托马克谷奥杜邦协会（the Potomac Valley Audubon Society）所有。最近一次去参观时，我和热心的观鸟爱好者南希·基什鲍姆（Nancy Kirschbaum）交谈了一番。她说从12岁起，她就开始观鸟了。"我从小就喜欢动物，我家后院虽然看不到狮子，但可以看到鸟，"她说，"如你所闻，观鸟将是我一辈子的事。"

图1-1 很少鸟类像蜂鸟一样令人惊奇。图中，一只红脖蜂鸟（Hummingbird）落在我家中喂食器里
（图片来源：蒂莫西·比特利）

在讨论剖析鸟鸣的细微差别的最新开发技术时，英国声音专家朱利安·特雷弗（Julian Treasure）提到："数十万年来，我们发现能够听到鸟鸣时，周边环境往往是安全的。当鸟鸣消失时，就需要担心了。"[6]

对经验丰富的听众来说，自然界中有着许多独特声音：啄木鸟（Woodpecker）和沙锥鸟（Snipe）的鼓声，红山鸟（Redshank）的约德尔唱法（Yodeling，一种瑞士民间小调的唱法），以及夜鹰（Nightjar）的颤音。

对我而言，鸟鸣向我传递了希望、乐观和快乐。对鸟类最初的印象就是聆听鸟鸣。我最喜欢东方画眉（Eastern Wood Thrush）的叫声，它们的声音如长笛的旋律一般，是我每年春天都盼望听到的歌曲，它能让我立刻回到在弗吉尼亚的童年时光。

一位从事安宁疗护的医生最近在《纽约时报》上发表的一篇文章很好地阐述了上述观点。英国国家卫生服务机构（the United Kingdom's National Health Service）的蕾切尔·克拉克（Rachel Clarke）博士，写下了她在病人生命的尽头从事临终关怀工作时的经历，"一些病人在自然世界中找到强烈安慰"。她讲述了一位名叫黛安·芬奇（Diane Finch）的病人的话语和想法。芬奇患有晚期乳腺癌，在面对死亡时，她仍在努力思考如何善待自己。

> 不知何故，花园里黑鸟（Blackbird）叫声令人平静。似乎减轻了我对一切都将消失、永不得见的恐惧，因为我想："好吧，还会有其他的黑鸟。它们的歌声也很相似，就算有几只不唱了也没什么关系。"同样的，在我之前也有人患癌症，也有人像我一样死去。这是自然规律，这也是天意。癌症也是天意的一部分，我必须要接受它，并学会与之同生共死。

克拉克还讲述了另一个病人的经历，他想让窗户一直开着，"继续感受微风拂面，继续聆听黑鸟鸣叫。"

克拉克在文章的最后提到了那些自然的瞬间以及它对临终病人的价值。"我的工作不是与死亡打交道，而是发现生命中的那些美好的瞬间。抓住这一刻，瞬间便永恒。而自然提供了这些瞬间。"

鸟类为我们的时间长河增添了一刻。它们的能量、活力和生生不息的运动，宛如生命活力本身。

我想，在平淡无奇的日子里，看到或听到一只鸟所带来的诗意般的愉悦和快乐，是再怎么夸张也不为过的。最近一只迷途的鸳鸯（Mandarin Duck）似乎成了整个纽约的关注点，这证明我们确实会被鸟类的美丽所吸引。当地居民和游客（以及许多媒体）争相到中央公园去观看它。即使它的来历尚不清楚，但不可否认，这种生物拥有着非凡的美。最近，一只欧洲知更鸟来到中国北京，也同样受到了爱鸟人士和路人的围观。⑨

鸟儿们会散发出一种魅力——使得人们肯花时间左顾右盼，欣赏鸟儿们高调的动作，悠扬的歌声，驻足深思，神游时空。

鸟类在很多方面鼓舞着我们。它们是我们共同的亲人，我们一起共享家园和城市空间，同时，它们又美得超乎想象，不落窠臼，超凡脱俗。瞥见红衣凤头鸟（Cardinal）的艳丽颜色，听到蓝松鸦（Blue Jay）的啼鸣，或是与美国乌鸦（American Crow）凝视，都会给我们带来活力、乐观和纯粹的幸福，探索鸟类对公共健康的潜在益处也是很有趣的。一天中，当我们在偶然观鸟听鸟时，都会让我们感到振奋；更不用说当个人有意去这样做的时候，他们一定能体会到更大的快乐。鸟类在城市中对减轻人们的压力和提升人们的心理健康有诸多不可估量的益处。

经济效益，生态价值

我们重视鸟类存在，从鸟类得来的获益，能以经济价值来衡量：它们为我们创造了大量利润；比起市场上我们付的那一点点钱，看到鸟类和听到鸟鸣是超值的。我们知道，在绿树成荫的街区，房屋售价要比在没有树木街区、没有鸟儿和听不见鸟鸣的街区的售价高得多。在冷泉保护区迁徙的烟囱雨燕 [我曾在那里采访过鸟类爱好者南希·基尔希鲍姆（Nancy Kirsch-baum）]，它们吃很多害虫，包括蚊子：每只烟囱雨燕每天吃掉大约六千只昆虫。

《为何飞禽重要：鸟类的生态功能和生态系统服务》一书中，许多文章都有力证明了鸟类的价值不仅仅停留于见闻上的乐趣，它们还发挥了许多重要的生态功能，包括授粉、传播种子和促进物质循环。雨燕（Swift）和燕子（Swallow）会捕食大量蚊子，并且，在不少农产区，整治庄稼害虫可带来相当可观的经济效益。

在生态效益方面，兀鹫（Vulture）在垃圾处理和社区卫生服务方面，贡献了重要的经济价值。如果忽视鸟类的生态功能，人类自身也会面临危险。在南亚，兀鹫数量急剧下降，其中印度尤为突出。在那里，兀鹫不受重视，人们用一种兽医使用的抗生素双氯芬酸将其毒害。到头来，造成了新的健康危机，死于狂犬病的人数急剧上升——兀鹫数量的下降，导致野狗的数量上升，狂犬病病例的数量也就增加了。[11]

对社区和城市来说，发展生态旅游和观鸟活动，可产生可观的利润，促进就业，增加税收，正如康奈尔大学鸟类学实验室所指出的那样，"观鸟在发展户外经济中是一个突出的动力。"[13]

很大一部分人都喜欢观鸟。根据美国鱼类和野生动物管理局最新调查以及 2016 年美国渔业、狩猎和野生动物相关休闲活动的调查结果，约 4500 万美国人参与过相关观鸟活动。调查进一步显示，大多数人是在家里观鸟。可以肯定的是，总观鸟人数目前众多，但仍有很大上升空间。

据估计，美国消费者在观鸟设备（如双筒望远镜或观鸟镜）上总共花费了 18 亿美元，在鸟食上花费了 40 亿美元。而这还仅仅是所有鸟类活动消费方式中的很小一部分。

因其故在，意义自生

美国观鸟协会主席杰弗里·戈登（Jeffrey Gordon）在《为何飞禽重要》一书的前言中向我们呼吁，无论人类给鸟

图1-2　鸟类带来了许多好处。有些是经济上的，比如可观的收入和观鸟带来的就业机会
（图片来源：蒂莫西·比特利）

赋予了什么价值，都不要忽视它们的内在价值和潜在价值。他说："除了所有这些人类赋予的工具价值外，鸟类还有其本身作为'鸟'这一物种的内在价值。它们是感性的、社会性的生物，惊人地适应了许多艰难的条件。"[14]

事实上，这些生物是亿万年前，从恐龙时代进化而来的，这表明它们可能有一种特殊的生存权。从这个角度上说，我们人类绝对不能自由地造成其物种的灭绝，或对鸟群和孤鸟造成不应有的伤害。

我非常喜欢已故生态女权主义者瓦尔·普拉姆伍德（Val Plumwood）的观点。多年前，她主张对动物和自然建立一套更基于其本身的道德理论。包括鸟类在内的"其他物种"，我们与它们共同居住在这个星球上，它们不只是人类舞台上的临时演员，更是能发挥创造力的物种和个体。普莱姆伍德主张：必须克服与自然世界的疏离感和差异感，多去看看非人类世界的能动性、经验和智慧。[15]

鸟类贡献匪浅地帮助我们达成这一点。它们是"我生也有涯"与"自然也无涯"之间的天然使者——这是我们共同的世界，人类也是这个生命共同体的一部分，鸟儿拽着我们加入进来：用奥尔多·利奥波得（Aldo Leopold）的话来说，把人类看作这个亲缘共同体的其中一员。当我们接受这种关于鸟鸣的看法时，它就深刻地改变了我们的思想。于是，鸟鸣从声音化为语言。

飞鸟如诗，活灵活现

从雪莱（Shelley）的《致云雀》到济慈（Keats）的《夜莺颂》，鸟类已飞入文学和诗意的世界中。在众多当代作家的诗歌中，鸟都作为重要的角色出现，比如玛丽·奥利弗（Mary Oliver），她经常写红雀（Red Bird），写它们的非凡事迹和她与红雀的情感共鸣。

人们注意和关心周围的鸟类，鸟类引导人们从狭隘的自我专注中解脱出来，鸟类扩大了人类的视野，帮助人类看到了一个可能被忽视的世界。

为了拯救鸟类，我们要阐明经济、生态、道德等各个方面的所有原因。正如杰弗里·戈登（Jeffrey Gordon）所说："袋中之矢，多多益善"。[16]

鸟类引导，保护自然，人人有责，城区为要

历史上，城市是在河边、海岸线和港口处形成的，这些地方有利于商业和交通发展，但这些地方恰恰也是鸟类必不可少的栖息地和迁徙走廊。西宾夕法尼亚州奥杜邦协会（the Audubon Society of Western Pennsylvania）的执行理事吉姆·邦纳（Jim Bonner）告诉我："鸟类仍然会穿过城区，因为在这里城市化之前，这就是它们的飞行线路，并不会因为我们在周围修建了房屋，就改变了它们的迁徙路径。" [17]

因此，在未来的鸟类保护事业中，城市必定发挥着举足轻重的作用。而且，正如本书即将阐述的那样，许多城市开始采取积极措施为鸟类腾出更多空间。包括如旧金山、芝加哥、纽约、多伦多、安大略等在内的众多城市，都位于鸟类迁徙的重要路线上，亿万鸟类都会经过这些城市。城市应该找时机维修建筑及其玻璃幕墙，每年有近 10 亿只鸟会因这些不合理的设计而身亡。同时，城市应该加强对灯光的管控，部分强光会对鸟类产生致命的伤害。城市还可以通过种植树木和改造屋顶，种植对鸟类友好的植被，以努力改善鸟类的栖息地。城市居民也可以采取措施减少家猫和野猫的捕食行为，因为仅在北美，每年猫的捕食行为就可能导致多达 40 亿只鸟类死亡。

我们有时（常常）忘记了城市是许多不同种类鸟类的家园。像纽约这样的城市，有各种各样的鸟类栖息地，并且这些往往是鸟类最基础、最必不可少的栖息地。苏珊·埃尔宾（Susan Elbin）是纽约市奥杜邦科学保护协会的主任，她向我谈到了该组织对在港湾活动的鹭科涉禽的长期监测以及与之有关的研究项目，从牙买加湾（Jamaica Bay）到韦拉扎诺海峡大桥（the Verrazzano-Narrows

图1-3 鸟类带来的惊喜时刻。当我们看鸟类飞翔的时候，我们自己也在飞翔
（图片来源：蒂莫西·比特利）

Bridge），总共监测了纽约港内外17个岛屿上的长腿涉水飞禽。黑冠夜鹭（Black-crowned Night-Herons）、大白鹭（Great Egrets）、双冠白鹭（Double-crested Cormorants）和银鸥（Herring Gulls）都生活在这个热闹繁忙的大家园里面。令部分人感到惊讶的是，纽约市是全州80%黑冠夜鹭（Black-crowned Night-Herons）的家园。在戈佛诺斯岛上有一小群普通燕鸥（正对着曼哈顿下城，由一个小型网络摄像头监控），还有种类繁多的滨鸟，包括鹬（Sandpiper）和50多对还在筑巢的蛎鹬（Oystercatchers）。纽约和其他许多沿海城市重新发现了它们与水域的内在联系，并为之感到高兴。也许，我们也会重新发现与我们共享这些海岸线和水道的水上飞禽。

埃尔宾告诉我，在繁忙的城市里，努力保护鸟类，培养人们对鸟类的爱护之心，就像跳一支"微妙的舞蹈"，而这个城市往往有其他优先考虑的俗事。她告诉我，她正在赖克斯岛监狱的屋顶上研究海鸥，那里距离拉瓜迪亚机场（LaGuardia Airport）一条跑道的尽头只有几百英尺［纽约州卫生部（New York State Department of Health）试图积极控制这一群鸟］，还有纽约人把沙滩毛巾放在离笛声雕鸠（Piping Plovers）几英尺的地方。终于，人们明白过来，即使是像纽约这样的大城市也是鸟类栖息地，当我们找到接纳这些鸟类的方法时，这些地方的宜居质量也会得到不可估量的提高。"哦，我的天哪，我从来没有注意到过它们！"当纽约人听说他们周围生活着多种多样的鸟类时，埃尔宾这样描述他们的反应。她说："一旦人们意识到他们在这里（这些鸟），所有人都会像在看那些神奇的眼睛图片一样。鸟类改变了人们对这座城市的看法，或许也改变了芸芸众生在繁忙城市中的自身定位。"

从埃尔宾那里得知，纽约给予了鸟类如此多的关注和尊重，实在让人印象深刻。过去的几十年间，许多城市已经制定了新的计划和努力方向来帮助鸟类，包括陆禽和水禽。人们也逐渐意识到，城市中的灯光和建筑，已对亿万生活在城市或在城市中迁徙的鸟类构成了明显的威胁。

这些新的努力包括：在芝加哥和多伦多等城市实行熄灯计划，减少鸟类在迁徙高峰期的方向迷失和死亡率，以及发布新的鸟类友好型的设计指南，减少鸟类对窗户和建筑物的意外撞击。旧金山和波特兰市在内的城市，现已要求建造对鸟类友好的建筑外墙，其他城市也随之效仿。随着在州和联邦两级出台了立法，颁布了相关鸟类友好级设计的要求，用政治手段来保护鸟类，似乎正在以一种充满希望的方式发生改变。

一些杰出的组织正在为鸟类工作。FLAP，多伦多提醒人们灯光对鸟类会有致命危害的行动组织，是一支民间力量，他们每天在该市进行碰撞监测，不断提高城市对鸟类所处危险的认识。亚利桑那州凤凰城的市民们正努力改善穴鸮（Burrowing Owls）的栖息地；英国的一个开发商正在给新房安装雨燕巢穴护鸟箱；新墨西哥州圣达菲附近的一个社区，居民们正一起为受到威胁的杜松山雀腾出空间，并在一旁监测和观赏。

这是一本充满希望的书，讲述了城市中的居民、护鸟组织及其带头人的故事，以及他们在保护、爱护和欢迎这些与我们共享城市空间的鸟类时所作出的卓有成效的奉献。

第二章
世界变迁，鸟类有难

　　余祷于鸟，因其示吾所爱，而非恫吾以所畏也。
　　于我祷罢，彼教我何以聆听。

——特里·坦彼斯特·威廉姆斯
（Terry Tempest Williams）[1]

2012 年，在蕾切尔·卡森的经典著作《寂静的春天》出版 50 周年之际，我所在的弗吉尼亚大学建筑学院一群人，想到准备一个展览来纪念。随后进行了大量的研究和写作，我们联系了蕾切尔·卡森委员会（现名蕾切尔·卡森历史贡献联盟），该委员会在马里兰郊区，卡逊在此处故居用 5 年时间写就了《寂静的春天》。

当我踏进这房子时，客厅里那扇美丽的窗户立刻就吸引了我的注意，我们可以通过它看到后花园的模样。卡森在房子的每个房间都有过创作，但她大部分的写作时刻都是在这间客厅里完成的。花园里仍然悬挂着一些喂鸟的器具，在我到访那天，许多鸟儿都在花园里飞来飞去。可以想象，卡森也是在那里看着鸟儿们，它们启发她创作的灵感，给予她关注的激励。对我来说，这是一个神圣的领域，也是一个与卡森和她毕生工作更亲密的机会。

尽管《寂静的春天》在改变人们对鸟类和其他物种威胁的认识方面厥功至伟，但自该书出版以来的几十年里，许多鸟类物种仍继续面临着日益严重的威胁。最近发表在《科学》杂志上的一项关于北美鸟类状况的研究十分令人震惊。利用年度鸟类调查的数据，康奈尔鸟类实验室的研究人员发现，自 1970 年以来，鸟类的数量显著减少了 30%——这个数量至少是大约 30 亿只。第一作者肯尼斯·罗森伯格（Kenneth Rosenberg）称这一发现"令人震惊"。的确，这对我们许多关心和热爱鸟类的人来说，是一次印象深刻的拷问。[3]

理解鸟类所面临的威胁和挑战，最好的办法就是尝试着去感同身受，即使是短暂地、浅浅地假想。把自己置身在从越冬地飞往筑巢地的候鸟身上。就像我们所看到的那样，这段迁徙的距离，有时甚至达到数千英里。而当你在迁徙时向下看，你会看到可供停留歇脚的自然地点越来越少，需要确认的道路和建筑越来越杂，需要避开的电线越来越多。过去一年赖以停歇、休息和补充能量的土地，无论是海岸线上的湿地还是郊区的树木园，在今年都可能不复存在了。

图 2-1 今天的鸟类面临着许多危险，包括它们很难看到的建筑外墙和玻璃。据估计，北美每年大约有 10 亿只鸟死于撞击窗户。这只金冠鹪鹩（金冠国王）在撞到弗吉尼亚大学建筑学院透明玻璃后死亡
（图片来源：蒂莫西·比特利）

　　国际鸟盟最近发布的《世界鸟类状况》报告给出一个结论，世界上的一万种鸟类中有 40% 正在逐渐减少，这是一个十分重要且令人不安的发现，这表明鸟类面临着多方面的威胁。例如，依赖汽车的城市化扩张，使能源和碳排放密集，这是地球变暖的一个重要原因。砍伐森林，无论发生在

图 2-2　在迁徙高峰期，FLAP 等组织会派出志愿者去寻找和营救受伤的鸟类。图中，一名提醒人们灯光对鸟类会有致命危害的行动组织（FLAP）志愿者正在小心翼翼地救助一只受伤的鸟
（图片来源：2018 年莱顿·米汉·亨林，FLAP）

图 2-3　鸟类很难将窗户视为障碍物，而现代建筑的设计采用了大量的能反射云层和绿植的玻璃，使过往的鸟类迷失方向。而乔治亚洲亚特兰大市中心的天际线则和许多其他城市一样，显示了玻璃在建筑设计中的主导地位
（图片来源：蒂莫西·比特利）

热带地区还是寒带地带，这种做法都会夺走鸟类的栖息地，还加剧了气候的变化。从本质上讲，这些土地使用变化和消费模式是恶性相加、互相推动的；它们对鸟类和人类的栖息地都是毁灭性的。

好消息是，回头是岸——保护鸟类及其栖息地的措施也将产生其他重要的积极影响。例如，碳的留存固化和减缓气候变化。从杀虫剂到致命的玻璃，从城市照明到家猫，生活在城市和经过城市的鸟类面临着许多重要的威胁。了解这些威胁的范围和类型是必要的，要更好地了解如何解决它们。本书接下来的大部分内容将更详细地探讨这些威胁，以及规划师、建筑师、设计师和其他人可以做什么。

在一个廉价能源时代，现代城市已经演变成了人们所喜爱的安乐窝，然而鸟类很难将玻璃视为一道屏障。亮晶晶的建筑物，尤其在鸟类迁徙期间，会使鸟类迷惑，迷失方向。鸟类面临致命的撞击建筑物的风险。北美每年有多达 10 亿只鸟死于撞击建筑，但这一趋势可能正在改变，多伦多、旧金山和纽约等城市，都采用强制鸟类安全设计标准。而解决家猫和野猫的威胁可能更加困难，却也不是毫无办法。

杀虫毒药，有害灯光

《寂静的春天》在促使人们采取逐步停止使用 DDT（一种杀虫剂）等方面作了很多的努力，但其他无数的杀虫剂已经被开发出来，我们现在才发现它们对鸟类数量产生了直接或间接影响。尤其令人不安的是，越来越多的证据表明，杀虫剂在世界各地昆虫数量的下降中扮演了重要的角色，并对食虫鸟类，如金冠戴菊鸟（Golden-crowned Kinglet），也产生了影响。

一项对德国 63 个自然保护区飞虫种群的研究发现，1989 年至 2016 年间，飞行昆虫生物的数量惊人地下降了 76%（夏季下降至 82%）。研究者指出，这些影响"一定会产生营养连锁效应和许多其他生态系统效应"。同时，一项对波多黎各埃尔云克国家森林的节肢动物长期研究也得出了类似的可怕结论。研究指出，与 1970 年相比，这些动物的数量已下降到 1/60，这一现象对其他物种，如变色龙蜥蜴，有明显的连锁效应，其具体原因尚不得而知，但据其德国研究者的推测，农业的集约化和农药的密集使用是其最可能的诱因。

由弗朗西斯科·桑切斯－巴约（Francisco Sánchez-Bayo）和克里斯·阿·吉·威克斯（Kris A. G. Wyckhuys）撰写并于 2019 年发表在《生物保护》期刊上的一项关于人类影响的证据和系统分析的最新调查结果也同样令人担忧，他们预测昆虫数量的下降"在未来几十年内，可能会导致世界上 40% 的昆虫物种灭绝"。研究确定了四个驱动因素：土地的农业化和城市化导致的栖息地丧失；使用合成杀虫剂和化肥造成的污染；病原体和入侵物种等带来的生物因素；气候变化。作者们特别指出了农业所产生的巨大影响。

> 栖息地的变化和污染是导致这种下降的主要原因。特别是过去 60 年，农业集约化是造成这一问题的根本原因，而在这一原因中，合成杀虫剂广泛、无情使用是近年来昆虫死亡的主要原因。考虑到这些因素适用于世界上所有国家，昆虫在热带和发展中国家的表现不会有什么不同。结论是明确的：除非我们改变生产食物的方式，否则昆虫作为一个整体将在几十年内走向灭绝。[7]

昆虫数量减少，部分发生在占据特定生态位的特殊物种身上，但也有许多发生在杂食性和普通的物种身上。桑切斯－巴约和威克休斯发现这尤其令人感到不安。这些明显的数据下降，尤其是飞行昆虫数量的下降，对鸟类来说可不是个好兆头。重塑和改革我们的农业消费和生产体系，是保护地球上鸟类生存的一项紧迫任务。

至少，部分损失应归因于自 20 世纪 90 年代开始使用的新型化学杀虫剂的增加，特别是新的烟碱类杀虫剂，通常被称为"neonics"。最近发表在《公共科学图书馆·综合》杂志上的一项关于毒性负荷的研究得出结论称，我们已经见证了新烟碱方向的根本性转变，它们"对昆虫的毒性更大，通常在环境中存在的时间更长"。令人反感的是，今天许多常见的农业种子都包含烟碱等新元素，土壤和水中有大量有毒残留物。很大一部分玉米种子（80% 或更

图 2-4　城市和建筑环境造成的光污染对鸟类造成了直接和间接的危害。人们越来越多地认为，像这样的外部照明是导致飞虫数量减少的主要原因，从而减少了鸟类的重要食物来源
（图片来源：cgpgrey 网站）

多）涂有烟碱，尽管并没有什么必要。根据食品安全中心的说法，大多数农民甚至没有选择购买没有外涂杀虫剂的种子。在当地的花园商店和普通的草坪护理产品中也可以找到烟碱，尽管大多数房主不太可能了解其毒性和可能造成的损害。

飞行昆虫数量急剧下降，也越来越被认为是光污染和在城市与郊区滥用户外照明的后果。在对 150 项研究的综合回顾中，阿瓦隆·C.S. 欧文斯（Avalon C. S. Owens）及其同事得出结论，照明是昆虫数量减少的一个重要"驱动因素"。强烈的照明会干扰昆虫的一系列生物功能，包括繁殖、捕食和觅食。这不仅仅包括与建筑相关的照明，德国的一项研究估计，仅仅一个夏天，汽车头灯所造成的昆虫数量减少，就高达 1000 亿只。

特拉华大学的生态学家道格拉斯·塔拉米是一位当地树木和植物的热情代言人，他在最近的一次采访中指出，采取措施减少室外照明具有十分重要的意义。他告诉我："如果一直开着灯，就不会有大量的蛾子（以及幼虫，它们是养育雏鸟的关键食物来源）存在，鸟类也就没有食物。"几十年来，我们一直开着灯生活。很多公众知道现在再也看不到晴朗夜空的问题，但不知道这对鸟类也存在着影响。"看不见星星是一回事，鸟类消失是另一回事。"

城市共存，赋予挑战

汽车、机动车和驾驶行为，在其他方面也对生物多样性和城市野生动物产生了巨大的影响，包括对鸟类存在着严重的直接影响。尽管我们认为鸟类可能会避免掉这些影响，因为它们大多数会飞。但恰有例子证明事实不是如此，例如，近年来在佛罗里达州，汽车导致许多沙丘鹤的死亡或受伤，它们移动缓慢，离地面较近，就很容易受到伤害。还有许多物种，包括猫头鹰和其他猛禽，都会成为与拖拉机、拖车或汽车碰撞的受害者。

由车辆撞击导致的鸟类死亡比通常想象的要严重。即使是汽车相对缓慢行驶在小路上，我个人就有过几乎与低空飞行的鸟相撞的经历，再加上在高速公路上看到的鸟类大屠杀，我相信这已是一个严重的威胁，也是一个严重的设计和规划问题。据估计，美国每年因车辆撞击而死亡的鸟类数量在8900万到3.4亿之间，显然这个数字很高。许多积极的改变已经发生在道路设计上，以允许大小不同的野生动物通过各种通道，但仍不清楚，我们有任何举措，可以有效减少对鸟类的威胁。

对于像加拿大鹅（Canada Goose）这样的物种来说，与其共生共存更多的是依靠管理以及与这些鸟类有关的感知干扰，这些鸟类曾经是候鸟，但现已成为许多社区的全年"常住居民"。在机场附近，人们对飞机碰撞的担忧是可以理解的，毕竟有时会存在极端的鸟类控制反应，即使是距离跑道和飞行路径有一定距离的鸟类，也不太可能构成威胁，同时机场也不会容忍鸟类的存在。

通常在冬天，会有大量的土耳其秃鹫栖息在树上，社区居民对它们抱有负面看法，导致人们努力去驱散它们。通过低音炮驱赶，甚至对其进行野蛮的屠杀，并将它们的尸体倒挂起来以儆效尤，这似乎也确实阻止了其他秃鹫的行动。然而，秃鹫并未对社区造成任何实质性的破坏。在有些地方，社区居民会积极地看待它们，甚至在一些社区会举行庆祝活动来纪念它们的到来（详见第七章）。

城市和郊区照明的增加和扩散给人鸟共存带来了挑战，而且我们在城市公共空间以及城郊住宅周围的私人空间种植方式也会产生不小的影响。令人担忧的是，大量使用非本地植物和树木，其中许多外来植物被认为是入侵物种，它们几乎没有为鸟类提供过昆虫和浆果。但鸟类需要这些昆虫和浆果来抚养后代，并在迁徙中维持生存。

气候变化，诸害之首

　　气候变化对鸟类的威胁极为严重，自工业革命以来，全球平均气温已经上升了大约 1 摄氏度（1.8 华氏度）。2019 年的夏天是北美和欧洲有史以来最热的一段时间（2015—2019 年也是有史以来最热的五年），这样的极端天气对包括鸟类在内的众多野生生物造成了十分严重的影响，也预示着之后热浪事件的发生。

　　美国国家奥杜邦协会（National Audubon Society）在 2014 年，发表了一项开创性的研究，研究气候变化对北美鸟类可能的影响。该研究预计在几个时间框架内，包括到 2080 年，生境将发生剧变，其结果令人担忧。在 588 种鸟类中，预计超一半（314 种）的鸟类将失去目前一半以上活动范围。随着栖息地因气候变化而发生变化，鸟类也有可能迁移到新的地区定居，但这项研究确定了 126 种鸟类的活动范围无法扩大。因此，即使在温室气体排放并不很高的情况下，这些北美鸟类中有一半以上已被发现受到气候威胁甚至濒临灭绝。叠加上已面临的其他各种严重威胁，气候变化对鸟类的伤害有加成作用。

　　以我最喜欢的画眉（Wood Thrush）为例，画眉被纳入受到气候影响的众多鸟类之中，按这项研究推测，预计到 2080 年，画眉的夏季活动范围将缩小 82%，新的活动范围会扩展到加拿大的北方森林去。另一个让我极为关注的种群是穴居猫头鹰（Burrowing Owls），到 2080 年，它们将失去 77% 繁殖范围，67% 冬季活动范围将受到侵扰。

　　2080 年似乎遥遥无期，但这些由气候变化引起的栖息地变化正在发生，而且在未来几十年里还会变得更糟。也许一部分鸟类物种能够适应，但更多的是不适应。像我在弗吉尼亚州的家，这样的地方内物种的组合关系如果发生变化，那么我将为画眉的日益稀少而叹惋，感慨怀念它们笛声般歌声的消失。这对我来说，这些与我的家乡回忆和风景追思息息相关。

其他模拟研究也得出了类似的结论，包括一项关于气候变化对北极地区森林影响的有力研究，再次预测鸟类的栖息地将会严重萎缩并发生剧烈变化。[14] 负责准备这项研究的"北方鸣禽计划"（北实歌鸟倡议）的杰夫·威尔斯（Jeff Wells）向我讲述了气候变化对数十亿只鸣禽的影响，它们的生命周期至少有一部分依赖于北方那一大片完整的北方针叶林。北方森林是一片基本上完好的北部森林，每年有多达30亿只筑巢鸟。威尔斯称它为北美鸣鸟的托儿所——所以我们很难不去重视这个生态系统。他估计，这些栖息地"出口"了数十亿只鸟类，"新生幼鸟孵化并开始迁移到它们的越冬区域，从加拿大南部和美国，再向南通过墨西哥、加勒比地区，直达中美洲和南美洲。"[15]

威尔斯的实验是模拟一切如常的气候变化情景，以观察了解随着时间的推移，北方针叶林会发生什么变化。他的实验特别关注了 53 种北方鸟类会受到怎样的影响。他的研究表明，这一极其重要的北方生物群落"可能向北迁移，数量会以惊人的速度缩小 25%"。到 2040 年，其中 21 个物种的适宜栖息地将减少而且萎缩，到 2100 年，种类则会锐减至 29 个。[16]

在发布开创性的气候影响研究的五年后，奥杜邦协会于 2019 年发布了一份与气候变化威胁有关的更新扩展分析报告，该分析着眼于全球气温上升 3 摄氏度（华氏度上升 5.4 摄氏度）的可能影响。这项名为"按温度生存"的新研究，聚焦于 604 种北美鸟类。研究得出了类似的结论，但研究结果貌似更令人担忧（如果结论可靠的话）。报告结论指出，其中约 2/3（389 种）的物种将受到气候变化的威胁。

肉眼可见的是，这篇重要报告的热门新闻报道，把焦点放在了令人震惊的结果上：在许多州，官方的州鸟在夏季将不复存在，乔治亚州不再有褐长尾鸫（Brown Thrashers），明尼苏达州没有潜鸟（Common Loons），或新泽西州无金雀（Goldfinches），每一个州鸟将不再可能是那里的"夏季居民"。

当然，也有好消息，我们同样有着一些关于保护的故事可以讲述。例如，大部分北方针叶林仍然是森林，且生态完好。但未来这种情况或将不复存在，因为木材采伐、采矿以及石油和天然气开发继续威胁着该地区。保护这些大地景观，尤其是"气候避难所"——将是至关重要的，这些地区可能不会因气候变化而发生太大变化。随着栖息地向更北的地方转移，我们将需要创建迁徙廊道，让鸟类和其他物种得以安营扎寨。

正如威尔斯 2018 年的报告所述：

> 面对气候变化，加拿大应当承担保护北方森林的特殊责任。北方森林是地球上现存的最大的完整森林，也是数以亿计迁徙到西半球的鸟类的哺育地和栖息地。确保鸟类在森林中茁壮成长将有助于保护广大地区的生物多样性。[19]

加拿大政府已经承诺，到 2020 年保护至少 17% 的土地，而且一定会尽快采取更多保护措施。威尔斯的倡议受到一些北方原住民团体的鼓舞和支持，他们提议在北方森林地区内建立新的自然保护区。他们开展了一系列积极的工作，比如通过森林管理委员会（FSC）对森林进行认证，并以这种方式引导消费者的资金流向鸣禽栖息地，推进栖息地保护和建设。但还有很多工作要作好准备，当务之急是采取最强有力的措施减少碳排放。

随着气候继续变暖，鸟类将受到许多其他方面的影响。鸟类的热应激将会是一个主要问题，已有研究表明，栖息在莫哈韦沙漠等地的鸟类物种急剧减少。加利福尼亚大学的埃里克·里德尔和同事们追溯早期鸟类调查的工作时发现，鸟类物种在一百年的时间里减少了 43%（他们称之为"群落

图 2-5 今天的鸟类面临着高度改变的人类景观。依赖沿海栖息地的鸟类面临着日益荒凉的海岸线海堤和家园，以及日益萎缩的沿海沼泽。这张佛罗里达州迈阿密海滨的鸟瞰图很好地讲述了这个故事
（图片来源：蒂莫西·比特利）

崩溃"），这很可能是由于热应激和当地气温上升造成的。随着世界上许多地区变得越来越热、越来越干燥，鸟类将承受更多的负面影响。许多鸟类的降温需求急剧增加，因为它们需要更多的水、消耗更多的昆虫和种子，以保持自身的水分和凉爽。一个频繁产生热浪、干旱和野火的世界，将给鸟类带来极大的伤害。

气候变化也同样对沿海栖息地产生了影响。在未来，持续上升的海平面对全世界沿海筑巢的鸟类来说，显然是一个极大的威胁。近来，冰盖融化的事实引起了对全球海平面上升速度估计的调整。乔纳森·L. 班伯（Jonathan L. Bamber）和同事于 2019 年发表的一项研究显示，到 2100 年，全球海平面很有可能会上升 2 米（6.56 英尺）。许多沿海鸟类将直接或间接地受到负面影响。研究人员发现，像欧亚捕蚝雀和索特马什麻雀（原产于美国东部沿海地区）这样的鸟类似乎不能很好地适应海平面上升的变化，随着潮汐和潮汐洪水向更远的陆地延伸，它们筑巢、繁殖和羽翼成熟的空间正在耗尽。海滩和冲浪区与道路、房屋和其他发展区之间的距离越来越小，这些都是现代海岸线的特征。许多地方的沿海栖息地甚至在洪水来临之前就会发生变化。例如，随着封闭的沿海森林逐渐转变为更多的下层植被，形成沿海沼泽，北卡罗来纳州海岸的海水倒灌导致形成了所谓的幽灵森林。

部分鸟类将从中受益，而另外一些鸟类将面临失去栖息地的威胁。但是，在海岸线受到重大人为影响的背景下（包括海堤和其他海岸硬化结构建设），鸟类的生存空间仍会有所缩减。

包括气候变化在内的一些环境挑战似乎已经超出了人类的控制范围，并且可能导致人们对环境保护产生麻木之感。但是，我们为保护鸟类的生存环境而做出的行动让我们看到了新的可能性，即可以通过采取具体的步骤，来改善现有情况。正如我们所见，在一座城市中，城市规划者、设计师、建筑师和市民都可以做很多事情来帮助改善鸟类的生存环境。

第三章
身边城区，爱猫护鸟，
如何兼顾，见波特兰

　　方坐，雀始降，轻从一枝跃入一枝，聚于数尺，饲器旁。小人生心怦直跳，当其戒备，而饥悦心萌可知。余子心醉神迷矣，于座上徐前奉以迎鸟。

——京·迈科利尔（Kyo Maclear）

我们在喂食器和院子里看到的鸟儿似乎无处不在，源源不断：我们享受这看起来充满活力、无忧无虑的生活。然而，鸟儿每天（每时每分）都面临着危险，它们必须时刻保持警惕。鸟类、蜥蜴和小型哺乳动物都会受到自由游荡的猫的大量捕食，包括家猫和野猫。尽管猫对人类主人充满了爱，但它们捕猎和杀戮的本能并不隐藏在表面之下。这是对鸟类生存的另一种隐蔽而低估的威胁。多亏了新的跟踪技术和猫摄像头的使用，我们知道了许多猫的活动范围很广。鸟类所到之处都面临危险。（值得注意的是，在世界上的某些国家，尤其是巴西和新西兰，不会飞的鸟类和陆地鸟类在没有捕食者的情况下进化而来，未拴起的家养狗也会对鸟类构成严重威胁。）

然而，众所周知，宠物主人似乎对他们的猫在户外活动的影响和活动范围一无所知。新西兰一项名为"猫的追踪者"的研究，对家猫的日常行动和活动范围作出了新颖而惊人的见解。在惠灵顿维多利亚大学（Victoria University of Wellington）开展的一项公民科学项目中，研究人员在 209 只猫身上安装了全球定位系统（GPS）追踪项圈。由此，他们能够看到猫每日和每周的行程，并计算和绘制出它们的"活动范围"。这些猫的活动范围大小不一，但很多都相当大。这些猫的家庭活动范围的平均面积为 3.28 公顷（超过 11 英亩），但由于数据分布范围很大，研究者决定以家庭活动范围的中位数作为更好的衡量标准，即 1.3 公顷（约 4.5 英亩）。有一只猫被称为"超级猫"，因为它拥有 214 公顷（约 529 英亩）的惊人家庭活动范围！显然，许多猫都有适度的活动范围，但许多（追踪地图生动地显示了这一点）猫日常行走相当长的距离并经过很多地方。

美国研究人员斯科特 · R. 洛斯（Scott R. Loss）、汤姆 · 威尔（Tom Will）和彼得 · P. 马拉（Peter P. Marra）于 2013 年发表在《自然通信》上的一篇文章对调查数据进行了系统回顾，对美国猫的捕食情况进行了数据分析。每年鸟类死亡数量令人不安：他们估计，仅在美国大陆，每年就有 13 亿至 40 亿只鸟类死于猫之手。他们总结道："这一死亡率远远超出此前人们对猫捕食野生动物数量的估计，可能超过美国鸟类和哺乳动物等所有其他人为致死来源的数量。"[3]

据估计，蜥蜴和小型哺乳动物每年的死亡数甚至更高，可能超过 220 亿。研究者将他们的估算按"有主"猫和"无主"猫（即野猫）进行分类，发现后者的影响比前者更大。

许多城市试图通过诱捕—绝育—回归（TNR）计划来监管野猫聚居地。洛斯、威尔和马拉不相信这些计划会起作用，并且该国家多地都对此展开了积极的、甚至情绪化的辩论。城市野猫聚居地的数量往往比人们意识到的要多得多；例如，洛斯、威尔和马拉指出，目前在华盛顿特区有 300 多个这样的聚居地。

鸟类和猫的保护协会都建议把非野生的猫关在室内，他们提倡使用"猫院"，或猫庭院。其他的做法包括使用能让鸟类更容易看到猫的"彩虹项圈"，以及建立防止捕食者的围栏和保护区，比如在新西兰有效使用的那些。但这仍然是一个充满争议和情感忧虑的话题，似乎经常使我们把对鸟类的爱与对猫的爱对立起来，并且尚未有简单可行的解决方案。

猫院之旅

猫院或猫庭院本质上是一个封闭的空间，在允许猫进行部分室外活动的同时限制它们与鸟类的接触，相应地限制了它们捕食鸟类的行动（并使猫免受汽车和其他威胁）。俄勒冈州野猫联盟（FCCO）的凯伦·克劳斯（Karen Kraus）是在参观俄勒冈州波特兰市的鸡舍时产生了建造猫院的想法。推广猫院的任务现在是两个当地团体的联合事业，这两个团体通常是针锋相对的，他们是波特兰奥杜邦协会（Portland Audubon）和俄勒冈州野猫联盟。克劳斯说，这种护鸟和爱猫的联盟虽然不寻常，但并不令人惊讶。调查显示，人们对鸟类和猫都很关心，越来越有必要找到创造性的解决方案，将保护动物和人道对待动物的议程结合起来。

波特兰奥杜邦协会和野猫联盟推广猫院的主要方式是通过每年的猫院之旅（Catio Tour）联展，展示各种想法和选择，关于猫院应该是什么样子，以及如何设计和建造。这些联展已经变得非常受欢迎；2018年，联展共举办了10场，参观人数有1300人，已预约的还有200人。像"泰姬陵喵"（Taj Meow）这样的创新，为猫院设计增添了有趣的元素。

我有幸目睹和亲身体验了这个活动，参观了几家猫院，并与它们的主人交谈（猫院之旅的短片已经制作完成）。[2]在每个猫院中，许多人挤在建筑物周围，仔细观察，并不断向房主们提出问题，这给我留下了深刻的印象。许多参观者都在为建立自己的猫院而寻找灵感和指导。

图3-1　猫院之旅是由波特兰奥杜邦协会和俄勒冈州野猫联盟共同举办的年度活动。展览的主要组织者之一，凯伦·克劳斯站在一个展出的猫院前面（图片来源：蒂莫西·比特利）

这次参观活动组织得非常好，每个站点都有签到台、登记台和迎宾台，同时房主们可以随时解释设计等相关问题。志愿者们穿着"猫院之旅"（Catio Tour）独具特色的蓝色短袖 T 恤，坚守在各个猫院门前的站点。参观者签到后收到一条蓝色腕带，表明他们是幸运参观者之一。在某些情况下，他们能从布丁中看到证据，通常看起来有些困惑的猫实际上很享受属于它们的猫院空间。

　　展出的建筑在设计复杂度和成本方面差异很大。许多都是对房子进行创造性延伸——总是有某种形式的管道或走道，让猫可以直接进入户外区域。参观活动上，猫院主人被要求估算建造猫院的成本，令人印象深刻的是，许多猫院的建造成本仅为几百美元（尽管有些成本高达数千美元）。

　　波特兰的努力已经激起了其他城市的效仿。现在，西雅图、圣何塞、奥斯汀和盖恩斯维尔都在进行"猫院之旅"（Catio Tour）巡回展览活动。

图 3-2　一位自豪的房主站在她的猫院前，这是 2018 年猫院巡回展的十个展场之一

（图片来源：蒂莫西·比特利）

图 3-3　许多猫院的设计，比如这是一个包含隧道，让猫能从家里移动到外面的猫院
（图片来源：蒂莫西·比特利）

　　佛罗里达·克劳斯告诉我，"这并不是告诉人们应该做什么，而是给他们更多的选择，希望能够鼓舞人们，减少在外游荡的户外猫。"这是一种双赢，对猫和野生动物，尤其是鸟类都有好处。

猫与郊狼，以及鸟雀

　　新西兰"查明猫的轨迹"研究除了收集有关家猫活动范围的数据外，还对猫主人进行了调查，以更好地了解猫捕食的规模。超过 2600 名受访者回答了问题，如他们的宠物带回家多少只鸟、多少只哺乳动物和蜥蜴等。主人们估计他们的猫平均每个月大约有五件"猎物"。啮齿动物是最常见的猎物（76%），鸟类紧随其后（72%）。

调查中最有说服力的问题是"你认为（你的猫）捕猎是个问题吗？"回答的结果表明，尽管猫主人意识到了他们的猫在捕猎，但只有 5% 的人回应："是的，捕猎是一个大问题。"[5]1/4 的受访者说他们的猫不捕猎，另外 56% 的人说捕猎不是问题，或者只是个小问题。[6]这项调查似乎表明，要提高主人对猫捕猎的意识和关注还有很长的路要走，需要采取实际行动来解决这个巨大的环境问题。

但随着对城市野生动物的研究越来越多，我们更清楚地了解到，户外猫以及它们对鸟类的捕食可能会受到其他动物（尤其是郊狼）的影响。俄亥俄州立大学（OSU）的斯坦·盖尔特（Stan Gehrt）及其同事的最新研究表明，在城市中有郊狼的地方，野猫或自由游荡的猫可能会缩小它们的活动范围，进而减少它们对鸟类的影响。盖尔特给自由漫步的猫戴上了无线电项圈，发现在有郊狼的地方，猫离建筑物和人类更近。

正如盖尔特在一份俄亥俄州立大学的新闻稿中所说，"自由漫步的猫基本上会划分它们对城市景观的使用区域。它们不太会去城市的自然景观区域，因为那里有郊狼……这减少了郊狼对猫的攻击，同时这意味着郊狼很大程度上保护了这些自然区域里的动物免受猫的捕食。"[7]

这些发现引出了一个有趣而耐人寻味的结论：郊狼可能作为一种鸟类守护者，在城市中发挥生态功能。当然，这并不意味着自由漫步的猫不会对鸟类产生重大影响。即使在这种更加戒备森严的情况下，猫为防备郊狼而避免进入自然区域，仍然会有很多机会杀死鸟类；鸟类将继续生存在整个城市，包括城市和郊区住宅的前、后院。这确实为人们不仅要接受城市里的土狼，还要庆祝并捍卫它们的存在，提供了一个奇妙的附加理由。

猫系围脖，彩虹项圈，可有改善，
值得期待

对于那些仍然想让他们的猫有不受限制的户外时间的、有责任心的猫主人来说，还有其他的选择吗？很久以来，主人们都在猫的衣领上放铃铛，但小铃铛、中等大小的铃铛，甚至很大的铃铛（以我的经验）似乎都不起作用。它们只是减轻了猫主人的担忧和内疚，并制造了一种错误印象，即鸟类和其他野生动物一定听到铃铛的声音（除非猫是能够阻止铃铛响起的专业猎人，它们才会听不到）。

颜色鲜艳的项圈是一种较基础的设备，可用于控制或减少猫捕食的严重影响，至少对于那些自由漫步的猫来说是这样的，这些猫虽然不是野生动物，但它们的主人允许它们在户外待上一段时间。佛蒙特州一家名为 Birdsbesafe 的公司，发明并销售了可以套在标准猫项圈上的彩色项圈。它们似乎能有效地提醒鸟类和蜥蜴注意猫的存在。2015 年，西澳大利亚珀斯的研究人员对项圈进行了研究，发现戴项圈的猫的鸟类和蜥蜴数量还未到不戴项圈的猫带回数量的一半（47%）。[8]当然，这一研究是不完善的；研究人员估计，可能只有 23% 的被捕动物被猫主人看到或发现。这项研究的另一部分试图评估猫主人对项圈的感受。研究者得出结论，约 77% 的猫主人打算继续使用项圈。

还有其他选择，尽管不多。猫围兜存在的时间更长，研究表明它在阻止猫的攻击方面非常有效。这是一种色彩鲜艳的围兜，松散地挂在猫的项圈上，发明于俄勒冈州，现在由一家总部位于波特兰的猫用品公司销售。正如猫用品网站解释的那样，围兜能够轻微地干扰猫成功捕鸟所需的精确性和协调能力。围兜的工作原理很简单，就是在捕食的最后一刻挡在猫和鸟之间，并在合适的时候击碎猫的一些狡猾的机警行为。猫围兜不会干扰猫的任何其他活动，只会影响猫捕鸟

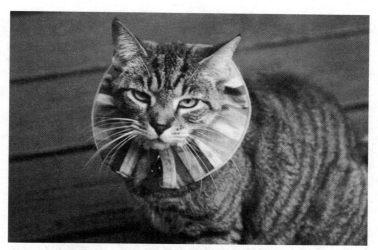

图 3-4　彩虹项圈是一种具有可能性的解决家猫捕食的方法
（图片来源：蒂莫西·比特利）

的能力。戴着围兜的猫能跑、能跳、能爬树、能吃、能睡、能抓、能梳理毛发。[9]

　　研究表明，围兜比彩虹项圈更有效。在默多克大学（Murdoch University）的一项研究中，研究人员得出结论，围兜在 81% 的情况下阻止了猫对鸟类的捕食。[10] 猫用品网站声称，自从这些围兜上市以来，已经防止了 180 万只鸟类死亡。它们并没有受到养猫人士的普遍欢迎，部分原因是围兜的尺寸，还有部分原因是人们第一次看到围嘴时总觉得它们会让猫感到不舒服，并且会干扰猫的自然移动（当然，在某种程度上这是关键所在）。不过，关于猫围兜的研究表明，猫很快就会习惯戴围兜。

　　这些产品表明，弄清楚猫是如何捕猎的，然后温和地加以干预是有市场和机会的。我们需要深入认识这些资源，并了解它们的有效性。也许某一天，这种方法也可以用在野猫身上。

街猫结扎，是非待辨

如何处理被遗弃的猫或野猫是另一个难题——与确保给在户外逗留的宠物猫戴上猫围兜或彩虹项圈不同，美国大多数城市都有数百个野猫聚居地，其中许多野猫由附近居民喂养和照料。如何处理野生群体是一个高度情绪化的话题，但在许多城市，诱捕—绝育—回归（TNR）技术已成为首选方法。在这里，TNR方法不是捕获并最终对那些未被收养的猫实施安乐死，而是试图通过自然减量来减少野生猫群体的数量，当这些猫被阉割或绝育后就会被送回到聚居地。爱鸟人士理所当然地认为，这只会让猫返回野外并造成进一步的破坏。爱猫人士坚信，这是缩小群体规模，从而减少猫对鸟类和动物捕食问题的最人道的途径。

毫无疑问，城市中野猫及其聚居地的数量庞大，尽管数据估计不准确且差异较大。在费城，野猫的数量约为6万只，实际可能多得多。（芝加哥估计约有20万只野猫。）ACCT Philly（动物护理和控制团队的缩写）运行着一个免费的TNR项目，允许居民捕获野猫，将其丢弃，待到它们被阉割或绝育后将其收养，该组织甚至还提供了人道陷阱。[13]这是一种典型的TNR方法。

TNR项目在减少猫的数量方面的有效性引起了激烈的争论。有一些证据表明，这类项目可以显著缩小野猫群体，并在某些情况下通过自然减量来消灭它们，尽管这可能需要几十年的时间才能实现。例如，最近一项对纽约市两个社区开展的研究发现，一年后，自由漫步的猫的绝育率达到了惊人的50%，但做研究者仍然得出结论，"认为这不足以观察群体规模的任何变化。""TNR需要更长的持续时间才能产生显著影响。"

世界上某些地区正在采取更严格的行动。澳大利亚正在讨论的一种可能做法是彻底禁止户外猫。一些地区（和一些开发项目）[14]已经这样做了，尽管在更大的范围内这个做法存在政治困难。它对 TNR 项目作出批评，即野猫的生活是艰难和痛苦的，不能通过 TNR 等项目来接受或促进。但是大规模实施这样一项法律，要么会压倒禁止捕杀动物收容所，要么会重新对大量猫实施安乐死，这是一个越来越不可接受的选择。在澳大利亚，一项控制野猫捕食当地动物的国家计划导致广泛使用空投毒药（从飞机上扔下掺毒香肠）以及激进的狩猎计划，这些计划在美国也不太可能被接受。

新西兰也启动了一项野心勃勃的鸟类保护计划，旨在控制非本土物种的破坏性影响，野生生物学家查尔斯·多尔蒂（Charles Daugherty）称之为"营地追随者"："三种老鼠；三种白鼬和鼬鼠；负鼠、猫、狗、山羊、猪。我可以继续列举。"[15] 它们集体付出了代价。

詹姆斯船长（Captain James）抵达新西兰 250 年后，新西兰本土的大多数鸟类（许多不会飞，因此特别容易被捕食）已经大量灭绝。位于首都惠灵顿的西兰州（Zealandia），一直致力于重建当地鸟类种群。这是一个位于市中心边缘的 250 公顷（约 620 英亩）的保护区，最重要的是，其周围有一道防捕食栅栏。围栏的长度约为 9 公里（超过 5.5 英里），是应对黄鼠狼等掠食者以及家猫和野猫的有效屏障。因此，本地鸟类繁衍生息，保护区成为整个城市生物繁殖和补充的关键点。西兰州（Zealandia）每年接待约 9 万游客，因此也具有重要的教育功能。该项目在最初几年有一个明显的"光环效应"，即保护区附近的家园和社区开始看到本土鸟类回归他们的院子和花园，如鹦鹉卡卡（Kaka）。该市环保伙伴关系负责人蒂姆·帕克表示，如今该项目取得了巨大成功，光环已经延伸到了整个城市。[16]

其中一种已经恢复的鸟类是鞍背鸟。正如帕克（Park）所说，就在几年前，人们发现鞍背鸟 100 年来首次在城市中筑巢。正如查尔斯·多尔蒂（Charles Daugherty）所说，卡卡鸟数量的反弹，尤其令人印象深刻。多尔蒂指出，如今这些迷人而吵闹的鸟类在城镇周围随处可见，再次成为城市生活的一部分。"我可以向你保证，人们绝对喜欢这一点；当你在花园里发现第一只卡卡鸟时，你会收到鼓舞。"[17]

家养的猫狗仍然是一个主要问题（正如本章开头故事所示），他们同样也是这座城市重点关注的对象。每当说到狗时，人们最担心的是不拴绳的狗可能会杀死鸟类，比如年轻的几维鸟。这座城市一直在努力传播积极的信息，以帮助宠物主人减少宠物对于鸟类的影响，认识到宠物是"家人的挚爱"，尤其是在家里有猫的情况下，这一点必须予以考虑。最新一项新的要求强调，所有的猫都必须安装一个微芯片。西兰州（Zealandia）采取的这一方法创建了无捕食者（包括无猫）的区域，这是一种可行的方法，并已推广至新西兰其他地区。

惠灵顿并没有止步于此，而是一直在致力于一项更大的计划来使城市没有捕食者，这是全国人民倡议和愿望的一部分，惠灵顿制定了一项战略来实现这一目标。相关工作对首都几维鸟（Capital Kiwi）也展开保护，现有的一个想法是把本土几维鸟带回惠灵顿。当然，几维鸟是一个标志性物种，是新西兰的代名词。新西兰有些地方有健康的几维鸟种群，但在惠灵顿地区，几维鸟已灭绝。这两项工作的一个关键部分都是在公园、私人后院和房屋周围的空间加大对非本土哺乳动物的诱捕力度。蒂姆·帕克（Tim Park）一直致力于建立一个基于社区的网络（房主设置陷阱并对其进行监控），该网络已经设置了 6500 多个陷阱。首都几维鸟将把这种设置陷阱的行为扩大到更大的区域范围。关于如何处理猫的争议在惠灵顿仍然存在，但这些努力被认为是一种有效的方法，至少可以控制引入的（非宠物）物种对本地鸟类的影响。

考虑到这些困境和艰难的选择，波特兰猫院的故事令人耳目一新。在波特兰猫院，对鸟和猫的同情是最重要的，并能将个人、家庭和对两者的生活和福利感兴趣的政府官员聚集于此。

保育野鸟：基金组织

被猫捕食——事实上，本书中讨论的所有城市和郊区的威胁——都对恢复和治疗受伤鸟类产生了巨大的需求，很少有城市和组织准备这么做。但是也会有一些精彩且鼓舞人心的例子。

野生鸟类基金会由丽塔·麦克马洪（Rita McMahon）于 2012 年创立，是纽约市唯一的鸟类康复和救援中心。它位于曼哈顿上西区的哥伦布大道。其明确的使命是"为在纽约市发现的受伤、生病和成为孤儿的野生动物提供必要的医疗和康复服务"。[18] 该组织还以多种方式履行教育使命，包括在纽约市组织一系列鸟类散步（称为"在野外散步"），以及与纽约市公立学校合作。诊所可被参观，工作人员将到学校介绍鸟类。有几个项目涉及学校参与时间更长，包括鸟类学院：小奥尼理论家，一个针对二至五年级学生的为期八个月的项目。[19]

野生鸟类基金会有大约 20 名全职工作人员和 200 多名志愿者，每年要治疗四千多只鸟类，其中许多被放归野外。在任何时候，该组织都可能要照顾数百只鸟类。其他城市也有类似于野生鸟类基金会的组织，例如多伦多野生动物中心和华盛顿特区的城市野生动物中心。

康复和救援中心在大规模保护鸟类方面是否有意义，是一个悬而未决的问题。但不可否认，它们具有重要的教育价值。麦克马洪说，"我们为一只鸟做什么对把它带来的人来说是最重要的。我们为改变人们的态度所做的事是持久的。"[20] 这无疑是正确的，但也可以说，拯救或治疗一只鸟的步骤对那只鸟来说必然重要，这些鸟类和其他物种并非因自身过错而受到伤害和死亡。建立并投资像这样的救援中心，是我们弥补鸟类和其他物种的一个重要部分。人们还可以推测，如果有更多的鸟类救援组织，这项服务可以扩大规模，那么对鸟类保护的影响是不小的。

第四章
迁徙回家，于伦敦始，
抵匹兹堡，腾出空间，
欢迎雨燕，富于启发

朝圣天空，掌舵于气流之河……
沉卧海洋，随世界呼吸而动。
　　　　　　——安妮·史蒂文森（Anne Stevenson）

吾欲知若候鸟之不畏，之持久坚强。
　　　　　　——京·迈科利尔（Kyo Maclear）

鸟类做的事情真的很了不起。比如迁徙数千英里。正如野生动物生态学家卡罗琳·范·海默特最近所写的那样，鸟类迁徙的欲望非常强烈，甚至有一个叫"祖贡鲁厄"（Zugunruhe）的词专门形容这种欲望。

> 对于鸟类来说，迁徙的冲动是无法控制的。其力量之大，使得矶鹬（Sandpiper）的器官退化，以适应迁徙。关在笼子里的知更鸟（Robin）会一次又一次地向北飞，敲打着玻璃墙，即使它看不到外面的景色。对此有一个术语"Zugunruhe"，这是一个德语单词，意思是"由迁徙带来的不安"。如果出现下面的症状，则应该就是：翅膀抖动，失眠，正常活动中断。

每年春天，我们都期待着红脖蜂鸟（Ruby-throated Hummingbird）归来，它们神奇地找到路，回到邻居家里。我也期待着听到今年春天（2020年）于4月24日到来的画眉鸟的神奇长笛之歌。这是值得庆祝和纪念的日子。

鸟类世界充满了类似的神奇壮举。北极燕鸥是迁徙最远的鸟类，"从北极高地迁徙到南极"。[4]最近的几项研究利用微型定位器记录了这一点。最近的一项研究追踪了在英国诺森伯兰海岸外法恩群岛筑巢的鸟类的迁徙。这些鸟在南半球夏季期间飞往南极洲，途中通常会在非洲西海岸和南美洲东海岸停留，显然部分受风型的影响。这项研究发现一只燕鸥的飞行距离为96000公里（约66000英里），这是一项新的官方纪录。[5]

范·赫默特（Van Hemert）指出，单次连续飞行的纪录是由一只斑尾塍鹬创造的，它连续飞行了八天，从阿拉斯加州到新西兰的航程达到了惊人的7000英里。"与魔术师的把戏不同，一旦屏幕被移走，它们就失去了魔力，鸟类的生理机能、耐力和坚韧不拔的毅力继续让我们惊叹不已。即使在今天，卫星无可争议地通过计算机屏幕跟踪鸟类，长途迁徙也向我们展示了普通鸟类的非凡之处。"

我们对这些非凡的成就感到惊讶，但对它们如何做到这些成就的了解却出奇的有限。我们知道，由于鸟类能够感知地球的电磁场并受其引导，因此它们可以进行如此长距离的飞行。直到最近，科学家们才在鸟类的视网膜中发现一种蛋白质，这种蛋白质有助于鸟类探测到这种电磁场。[7]

在严酷的环境中保持活力是一种成就。那个小小的金冠国王生活在边缘，它必须聪明地与自然作斗争，才能生存下来。明尼阿波利斯的鸟类爱好者瓦尔·坎宁安（Val Cunningham）和许多人一样，将这种鸟描述为"微小而坚韧"，当外界温度低于 30 华氏度时，它能够保持 111 华氏度的内部温度，在冬天给小昆虫补充能量！[8] 它们通过与其他小企鹅蜷缩在一起分享身体热量，"不停地打颤来保存羽毛颤抖产生的热量。"[9]

候鸟留鸟，得避难所

而迁徙成功的一个关键点，是一路上都有可以栖身的地方和食物。在全球范围内，雨燕展示了世界各地城市为候鸟提供庇护所面临的挑战和机遇。在美洲，烟囱雨燕（Chimney Swift）在加拿大和美国南部繁殖，冬天迁徙到亚马孙河上游流域（秘鲁、厄瓜多尔、智利和巴西）。沃克斯雨燕（Vaux's Swift）体型较小，在育空（Yukon）以南和加州繁殖，冬天迁徙到中美洲。在欧洲、亚洲和非洲，随着昆虫的数量，它们从最北的北极圈迁移到撒哈拉以南的土地。

所有雨燕的一个显著特点是，它们已经适应了在人工结构（烟囱）中生活。在迁徙过程中依靠这些人工空间栖息，抵达时筑巢和养育后代。但随着建筑设计的改变，它们发现自己的栖息地越来越少。

　　当我们在伦敦的威康收藏馆（Wellcome Collection）坐下来谈论雨燕保护组织（Swift Conservation）的作品时，其创始人爱德华·梅尔（Edward Mayer）向我展示的第一件东西是他和他的团队帮助设计的一座雨燕新住宅的图片。这是一个巧妙的结构，是雨燕屋和蝙蝠屋的组合：一个不显眼的垂直灰色柱子，顶部更宽。正是因为它的不引人注目，才推荐它——它将很好地融入这座城市的手机信号塔和灰色 CCTV 平台。而且，使用它往往比获得安装雨燕盒子所需的规划许可更容易，至少在伦敦的老城区是这样，那里的许多建筑都被列为历史建筑。

　　这种柱子被称为"哈比—萨比雨燕和蝙蝠柱"，已经在伦敦的几个地方安装了，梅耶尔（Mayer）希望当地议会对这种柱子的兴趣会增加。它们并不便宜，底价 6000 英镑。梅耶尔告诉我，"雨燕"需要更多筑巢空间。后来我发现这在很多地方都是一个常见的问题，包括在美国。

　　他说，由于各种各样的原因，"很多人反对我们安装雨燕护鸟箱"。人们似乎对与野生动物共享家园感到恐惧。

　　雨燕需要这些和另外的新家园，因为作为它们筑巢地点的自然空间和人造空间都在逐渐消失。在英国，普通雨燕（Apus Apus）是唯一的本地雨燕物种，它们的数量一直在急剧下降。梅耶尔告诉我，在过去的二十年里，它们的数量减少了 50% 以上。

　　梅耶尔于 2002 年成立了一个非政府组织——Swift Conservation（最初名为 London Swifts，但很快更名，以强调其更广泛的地理范围）。梅耶尔不是研究雨燕的专家，但他已经从泰特美术馆提前退休，多年来他一直担任该馆的设施和安全主管。他与雨燕的合作出人意料，起因是他给当地报纸的编辑写了一封信，抱怨街上雨燕的数量越来越少，以及当地议会在雨燕筑巢旺季时草率地更换了屋顶。

梅耶尔如今是雨燕的热情拥护者，很难想象这些鸟不会成为他一生的兴趣和挚爱。他和他的组织已经成为一个以"雨燕"作为关键设计理念的交流中心。该组织的网站在伦敦及其他地区，持续组织并开展活动。

目前面临一个关键的问题，雨燕的栖息地确实在减少，特别是第二次世界大战之后，新的建筑和翻新建筑，过度密封和空调的使用，导致雨燕失去了屋檐和其他可以筑巢的空间。梅耶尔举例指出，他儿时居住的伦敦戈登广场（Gordon Square）在战争期间被德国的轰炸夷为平地，后来重建的方式则把雨燕排除在外。

他说："大多数人似乎都不知道他们的房子里有雨燕。"即使他们这样做了，似乎也对共享空间没什么兴趣。"我们对无害的东西缺乏宽容。"不过，我认为这不仅仅无害；人们错过了一个分享它们生动生活的机会，错过了一个被它们的滑稽动作、喋喋不休和对抗地心引力的飞行技能所逗乐的机会。

"建筑很重要，"梅耶尔告诉我，但它们周围的花园和绿地也很重要。他指出了另一个潜在的、在很大程度上是意料之外的变化：为了减少汽车的影响，伦敦市政委员会转向了只允许居民停车的做法，因此居民们铺设了自己的花园，创造了可以出租的新停车位。他相信，雨燕赖以为生的绿色植物和昆虫已经大量减少。

梅耶尔对研究显示的飞虫数量急剧下降、土地利用模式的变化以及普通雨燕迁徙到非洲期间面临的其他危险表示担忧。

梅耶尔说，普通的雨燕在它们生命的头三年里几乎100%的时间都在持续飞行。我想知道他们是怎么做到的，尤其是在晚上。它们进入了一种麻木状态，这让它们可以在一种自动驾驶的状态下飞行和睡觉。

有很多迹象表明人们的态度正在发生变化，人们对普通雨燕困境的关注和关注程度也在上升。

我问梅耶尔对于雨燕保护组织来说，在解决雨燕地位下降的问题上最重要的行动是什么。提高公众意识是关键，他个人已经做了 350 多次公开演讲。另一项重要的活动是鼓励组建当地的雨燕保护团体，目前在英国有大约 60 个雨燕保护团体从事各种倡导和保护工作。

这个故事鼓舞人心的部分是，我们知道如何去帮助这个物种，可以通过安装雨燕筑巢箱来帮助它们。他们的目标是每年至少安装 2 万个雨燕筑巢点。梅耶尔告诉我，这是弥补每年失去的筑巢空间所需要的最低限度。这看起来似乎是一个雄心勃勃，不容易实现的目标。但他提到，英国每年都有 25 万到 30 万套新房子建成。如果这些家庭中只有 1/10 配备了雨燕筑巢箱呢？那将是一个重大的变化。同时，正如他所说，这甚至还没有考虑到其他可以容纳雨燕的结构类型，例如工厂、学校、医院和其他基础设施（比如桥梁），他还提到了他在西班牙做咨询时经手的一个桥梁项目，其中就包括雨燕筑巢空间的设计。

梅耶尔没有透露每年安装了多少雨燕筑巢箱和其他雨燕巢穴，也没有透露他们距离实现年度目标还有多远。但他相信，在新建筑和开发项目中，筑巢空间的安装数量有了显著的增长。他举了一些例子，比如大北方酒店（Great Northern Hotel）、伦敦动物园（London Zoo）和伯克郡雷丁（Reading）的一座教堂塔楼。他指出，他们已经成功地让更多的公司生产和销售这类产品，同时他们还积极地培训建筑师和规划师。

梅耶尔提到了曼索普建筑产品公司（Manthorpe Building Products），该公司开发了一种特殊的塑料雨燕砖，砖匠可以很容易地插入这种砖。它是与皇家鸟类保护协会（RSPB）和巴拉特之家（Barratt homes）合作设计的。[10] 巴拉特之家在白金汉郡一个名为 Kingsbrook 的新住宅项目中安装了 900 个这样的雨燕砖，该项目最近被称为"英国最友好的野生动物住宅开发项目"。该项目的重点是为鸟类、蝙蝠和刺猬设计更完整的栖息地，以及大量的绿色走廊、湿地和树篱。这个 2500 个住宅开发区对野生动物的重视已经吸引了一些新居民。巴拉特之家公司的一名代表评论说："一位女士告诉我们，她特意搬进来是因为这所房子是为了吸引雨燕而设计的。"[11]

对于梅耶尔来说，这是最大的挑战之一，也是最重要的工作之一：让人们欢迎野生动物和鸟类回到他们的家园和社区，这是为了提高生活质量，远离"灰色、惨淡的混凝土区域"。他想象到的是什么样的地方呢？"数以万计的雨燕呼啸而过，还有蝙蝠围绕四周"。[12]

2019 年 6 月，我有幸参观了金斯布鲁克（Kings-brook）开发区，目睹了包括雨燕和其他野生动物在内的相关项目的开发进展。我四处走动，亲身体验着这个鸟类和野

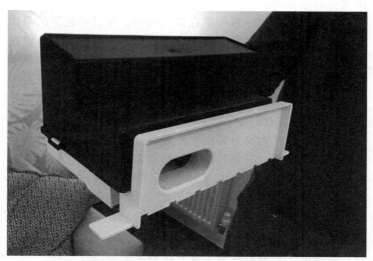

图 4-1　一个设计特别的雨燕筑巢箱可以让建造者轻松、方便地将雨燕的窝嵌入到他们的建筑中
（图片来源：蒂莫西·比特利）

生动物友好型建筑设计的新方法，并坐下来与皇家鸟类保护协会的主要工作人员探讨其设计。该开发项目的空间形式很容易让人联想到紧凑的、适合步行的村庄，它距离较大的历史名城——艾尔斯伯里（Aylesbury）不远。

鸟类友好的关键设计要点，是设置了大约 900 个雨燕护鸟箱，安装在许多（但不是所有）住宅的山墙上。在一些墙壁上可以发现多达六个护鸟箱，正如皇家鸟类保护协会的阿德里安·托马斯（Adrian Thomas）解释的那样，是生态因素"驱使这些护鸟箱聚集在一起，因为普通雨燕喜欢在半人工的环境中。"飞行高度也被纳入决定在哪面墙上安装护鸟箱的考虑，以及一些户型的设计问题；有些户型有阁楼，这使得砌砖更加困难。托马斯说，总的来说，这么多的护鸟箱，在生物学上意义重大。这些箱子还可以容纳其他鸟类，尤其是麻雀，它在英国已经历了数量急剧下降。还有些地方安装了喂食杯，鸟类友好花园也被给予重视。巴拉特之家承诺在至少 1/4 的花园里种植果树，这些果树将为鸟类提供食物和栖息地。

鸟类并不是唯一被考虑在内的物种。在设计社区的总体布局时，优先考虑确保宽敞的绿色走廊，供各种动物（包括刺猬）活动。后院花园以"刺猬高速公路"为特色，本质上是在栅栏之间开个口，允许刺猬在花园之间移动。该项目的全面建设可能需要大约十五年的时间。最令人印象深刻的是受保护的绿地数量：约 60% 的大型开发场地将被预留为受保护绿地，其中大部分将用于栖息地建设和恢复。栖息地将提供天然的雨水，并将种植本地树篱和野花草甸。目标是对生物多样性产生"净积极影响"，尽管这在实践中意味着什么仍不太清楚。对鸟类、蝙蝠和其他动物进行广泛的发育前调查有助于为回答这个问题提供基线数据。在项目的第一阶段，我们只能看到其中的一小部分，但总体规划似乎表明，较大地域的生物多样性有了显著改善。

尤其令人鼓舞的是，这种鸟类和栖息地的友好型设计方法被英国最大的住宅建筑商巴拉特之家和购房者所接受。皇家鸟类保护协会的阿德里安·托马斯（Adrian Thomas）和保罗·斯蒂芬（Paul Stephen）解释道，在项目启动前，皇家鸟类保护委员会进行了一项营销研究，以此来了解潜在买家对于野生动物问题的看法。他们惊喜地发现，"绝大多数"受访者都被这个想法所吸引。同时房屋的建造以及销售速度与往常相比更快，每年能卖出300套，这似乎也说明了人们对此项设计充满了兴趣。如前所述，一些潜在买家专程来到巴拉特之家，想要看看这些雨燕筑巢箱和其他野生动物功能装置。也正如托马斯告诉我的那样，对鸟类和野生动物友好的举措，未来将受到房主的欢迎，因为对于附近的绿色空间和社区的绿色品质提升来说，都是双赢的。在改善鸟类和野生动物栖息地的同时，也可以提高房主的生活质量。

几天前，我回到伦敦，前往沃尔瑟姆斯托（Walthamstow）湿地，那里是观看雨燕和其他鸟类的最佳地点之一。现在它是一个很棒的公园和城市鸟类保护区，但几百年来它一直是一个工业区，最近是伦敦大部分地区的水源供应地。泰晤士河水库占地面积相当大，超过200公顷，约500英亩，共有10座水库，建于1863年至1910年期间。大型地上盆地（地下也有水库）现在被作为湿地和鸟类栖息地进行管理，历史悠久的砖砌建筑已改造为游客中心。

参观的那天，我从附近的伦敦地铁站走出来，一个"观光板"告诉我看到的是什么鸟，在哪里："雨燕在4号水库和东沃里克上空寻觅昆虫。"工作人员告诉我，雨燕会在水库上空飞得很高的地方觅食，因此很难发现，但它们确实在那里，很容易被观测到。

现场最令人印象深刻的建筑也是一座新的、非常大的雨燕塔楼。所谓的"引擎室"，最初是用来抽水的蒸汽泵。现在它是一个咖啡馆和游客中心。20世纪60年代，从燃煤发电转换为电力发电时，该建筑原有的烟囱消失了。直到2017年，烟囱才被更换，重新设想为雨燕塔。它有24米（将近80英尺）高，每一侧都有小的雨燕开口，总共54个。

图 4-2　英国艾尔斯伯里附近金斯布鲁克的野生动物友好型发展，包括雨燕护鸟箱贯穿始终
（图片来源：蒂莫西·比特利）

塔内为蝙蝠提供了栖息场所。但显然，这座塔尚未被雨燕发现，也没有雨燕入住。因此，管理湿地公园的伦敦野生动物信托基金会（London Wildlife Trust）一直在广播播放雨燕的声音（所有走过塔楼的孩子和家庭都能听到），试图吸引它们。

　　水库和湿地对于现在来说，是自然和工业遗产的有趣结合。引擎室的改造（特别是其独特的"棕色斑纹工程砖"）已经获得了奖项，新的塔楼被描述为"信号修复和改造：市政基础设施的修复和从污染到生态的转变"。引擎室也是一个可以拿起地图、租双筒望远镜的地方。你也可以在礼品店购买属于自己的雨燕房。

这个鸟类天堂现在是拉姆萨尔湿地（一个具有国际意义的湿地），对伦敦居民来说是一个非凡的资源，从市中心向北只需一小段路程。当我参观时，这里到处都是慢跑、散步、闲逛和野餐的人。除了雨燕，我还看到了鸬鹚（Cormorants）、灰雁（Greylag Geese）、普通燕鸥（Common Terns）和大冠灰雁（Great Crested Grebes）等。在水库周围漫步的体验非常具有生物亲缘性。这些水库的斜坡边缘有着丰富多彩的植物群，非常值得一看和欣赏。这里有各种各样的野花，包括三叶草（Foot Trefoil）、五褶叶（Cinquefoil）、黑背甲（Black Knapweed）、旋花（Bindweed）、天葵（Stonecrop）和令人印象深刻的美丽锦葵（Common Mallow）。

美国雨燕，情节相似

英国的普通雨燕所面临的挑战对北美的迁徙雨燕来说同样令人生畏。随着人们拆除或盖上旧烟囱，或建造没有烟囱的新房子，雨燕的栖息地正在缩小。但经过俄勒冈州波特兰市的沃克斯雨燕受益于一些有远见的工作，以保护它们在查普曼小学的大规模栖息地。

当太阳开始落山时，我和我的电影制作人同事安东尼·库珀（Antony Cooper）一起前往学校观看鸟类特技表演，这已成为波特兰的一项传统。这是我们想用影片记录下来的一个事件。9月夜间，迁徙的沃克斯雨燕都会暂时定居下来，聚集在一起，以令人难以置信的能量疯狂盘旋，最终降落在学校的烟囱里。在高峰期，每周有多达八千只雨燕在那里栖息。数百名居民来到这里，铺上毯子，享受野餐，同时等待这一自然奇观的开始。许多孩子随着纸板箱（另一个传统）从陡峭的山坡上滑下来，面对着学校的烟囱。看到这

图 4-3　在伦敦的沃尔瑟姆斯托湿地，79 英尺高的雨燕塔提供了 54 个筑巢地点。这个结构取代了原来的烟囱，原来的烟囱在 20 世纪 60 年代被拆除
（图片来源：蒂莫西·比特利）

么多人为一只体重不到一盎司的鸟着迷，真是令人振奋。我们采访了一些坐在电视机前观看的人，其中一对夫妇说，这是他们第八次专程来看雨燕。看到和听到雨燕表演，对许多参加者来说，显然是一件意义重大的事情，而不仅仅是娱乐。

当天晚上，波特兰奥杜邦保护中心主任鲍勃·萨林杰（Bob Sallinger）在查普曼学校会见了我和同事，并向我们解释了更多的背景情况。这是一个令人振奋的故事——上学的孩子们都喜欢这些鸟，希望它们能安全。"多年来，孩子们都会穿着夹克和毛衣去上学，当这种情况发生的时候，他们会整个月都不供暖。"在波特兰奥杜邦保护中心的帮助下，他们找到了资金来更换火炉，并为雨燕保留住烟囱，让它成为一个永久的栖息地。

观看雨燕的观众们可以大声呼喊，就像戏剧经常展现的那样，他们那天也是如此。在我们访问的当晚，我们拍摄了一只库珀鹰（Cooper's Hawk），它不祥地停在烟囱口。当老鹰飞走时，人群立即发出嘘声，随后又鼓掌（雨燕们似乎没有注意到老鹰的出现，也没有被老鹰的出现所困扰）。这个晚上有一种摇滚音乐会的感觉——对一种非智人物种的敬畏令人印象深刻。

我们要给予鸟类（包括雨燕和老鹰）更多的应援。

对鲍勃·塞林格来说，这是一个关于在我们生活的城市和郊区欣赏大自然的非凡故事："看到一个社区像这样聚集在城市中心，围绕着大自然，这是一件非常积极的事情。"这也是提高认识和教育的重要时刻。塞林格指出，有200多种鸟类在波特兰迁徙，雨燕的壮观景象肯定有助于展示城市对野生动物的重要作用。

在距离我居住地更远的东部，烟囱雨燕的栖息地也面临着类似的损失。设菲尔德大学（Shepherd University）是西弗吉尼亚州设菲尔德镇的一所小型学院，其雨燕的故事让我们得以窥见烟囱燕筑巢和其栖息地的逐渐消失，以及用人工结构替代栖息地的困难。

由于校园内一个主要的雨燕栖息烟囱即将消失，因此需要立即采取行动。萨拉科瑞楼（Sara Cree Hall）始建于20世纪50年代初，它有一个大烟囱，是烟囱雨燕迁徙的主要栖息之地。这座建筑被拆除之后（大概是为了给改造的建筑腾出空间），雨燕就失去了重要的栖息地。然而，校方同情雨燕的困境，并与波托马克谷奥杜邦协会（PVAS）合作，由其资助在校园的另一部分建造一座雨燕栖息塔。在此期间，该学校已将另一栋建筑上的一个较小烟囱打开，作为临时缓解措施。

在波托马克谷奥杜邦协会的领导下，塔楼的设计已被委托，筹款工作正在进行中。但也存在阻碍，该项目的招标导致了一些高价投标，远超预期，因此该项目被暂时搁置（似乎需要筹集更多资金）。

如果烟囱的逐渐封闭是造成问题的主要原因，那么我们是否有机会开展一项烟囱开盖计划？我想知道，这种情况曾经发生过吗？是否有地方运动或城市倡议的例子，甚至有地方提供财政或其他激励措施？

当我与国家奥杜邦协会（National Audubon Society）的约翰·罗登（John Rowden）交谈时，他并不知道有这一倡议，他大声地问，想知道各分会实际上会如何推进这一倡议。他解释说，封烟囱的趋势通常是出于排除浣熊等动物的目的，但似乎也可以打开烟囱盖子的小部分，以便让雨燕仍然可以进出烟囱，但能够阻止较大的动物进入。

国家奥杜邦协会一直致力于解决雨燕栖息地丧失的问题，并为美国几个城市的雨燕塔提供了部分资金。我去了佐治亚州亚特兰大的皮埃蒙特公园（Piedmont Park），看了一个最新的雨燕塔。亚特兰大奥杜邦协会（Atlanta Audubon Society）执行董事妮基·贝尔蒙特（Nikki Belmonte）解释说，该设计将同时作为烟囱雨燕的栖息和筑巢栖息地。该项目是与皮埃蒙特公园保护协会的合作项目。这是一个突出的建筑，24英尺高。该市以前没有批准过这样的建筑，因此担心会有倒塌的风险。贝尔蒙特向我

图 4-4　俄勒冈州波特兰市的居民聚集在一起，观看迁徙的沃克斯雨燕以戏剧性的方式在查普曼小学的烟囱上栖息

（图片来源：蒂莫西·比特利）

解释说，他们与当地一位艺术家合作，设计外观并放置艺术品。除了塔楼本身，塔楼周围还种植了本地植物园。他们将这个地方称为"展览场所"。

贝尔蒙特认为这些塔楼是唾手可得的果实，是吸引公众参与的重要机会。亚特兰大奥杜邦是一个覆盖了 20 多个县的区域性组织，她希望最终能在那里看到一个由雨燕塔组成的网络。我问她需要多少座塔。她说她不知道（没有人知道），关于这一点的科学研究是有限的。但是，为了弥补烟囱雨燕栖息地日益减少的损失，建造更多的塔、非常多的塔似乎是正确的答案。"随着我们继续开发住房和办公园区，我们正在砍伐更多的树木，我们正在封上烟囱。"她说。"事实上，一些房子已经没有烟囱了。雨燕的栖息地正在减少。" [18]

皮埃蒙特公园的雨燕塔（Swift Tower）已成为鸟类散步的热门站点和集结地。这是一个视觉上与众不同的建筑，一个需要对话的建筑。目前，这是亚特兰大唯一的雨燕塔。

雨燕之塔，逐步发展

在宾夕法尼亚州的匹兹堡地区，我们可以看到一项更雄心勃勃的保护工作，那里的奥杜邦分会（Audubon Chapter）牵头建造了一个由 150 座雨燕塔组成的网络，而不是像亚特兰大那样仅有一座塔楼，这些雨燕塔大多位于公园里。

西宾夕法尼亚州奥杜邦协会（Audubon Society of Western Pennsylvania）的执行董事吉姆·邦纳（Jim Bonner）是这项工作的先锋，他解释了他们是如何着手这项工作的。[19] 他参与其中的契机源于个人兴趣和特殊的联系：他和妻子住在匹兹堡北部一个小镇上，一座维多利亚时代的老房子里，每年都有雨燕在房子的烟囱里筑巢。他们期待着看到这些雨燕和附近的其他雨燕，以及在街对面学校烟囱里栖息的数百只雨燕。他告诉我，雨燕是一种"很酷的鸟"。"一般来说，人们对雨燕都很着迷。"

他们开始慢慢地建造雨燕塔。一场筹款活动促使他们确立了建造100座雨燕塔的目标，随后来自匹兹堡基金会（Pittsburgh Foundation）的拨款使这一目标成为现实。最终，他们建立起了7到15座雨燕塔。

在阿勒格尼县的九个区域公园中，每一个都有大约150座雨燕塔（用于筑巢和少量的雨燕栖息）。邦纳认为，这是目前世界上最集中的专门建造的雨燕塔。

我问邦纳，他是否认为建造这么多雨燕塔，会带来根本改变；这种努力会有生物学的意义吗？他回答说不清楚，还需要更多研究。他们希望在对现有的雨燕塔进行监测后，更好地了解它们是否以及如何被使用。昆虫数量的减少可能会对雨燕的数量产生更大的影响，他们希望更好地了解雨燕的饮食及其变化情况。邦纳很高兴地看到，县公园正在采取一种更自然的方法来管理，增加草地，让草长得更高。这些方法可能是重要的（尽管还需要更多的研究），为雨燕提供更多昆虫食物。

我发现150座雨燕塔的建造令人印象深刻以及鼓舞人心。邦纳和工作人员显然在提高当地公众意识和转变公众态度方面发挥了重要的作用。他告诉我，有一位县长不停地谈论雨燕，在他看来，见到雨燕是一个好兆头。这些雨燕塔也被视为一个吸引公众的机会，通过教育信息展示亭和扫描条形码，鼓励居民上传他们所见所闻到的雨燕。

他们正在做许多其他事情，包括与学校合作；至少有一所学校校内设有雨燕塔，并努力让学生参与监控。最近，一所高中举办了一个名为"雨燕之夜"（Swifts Night Out）的雨燕观看活动。

维持烟囱开放，成为另一个优先事项：他们绘制了该地区大约24个可栖息的大烟囱的地图。他们一直与企业合作，说服他们保护和宣传这些雨燕栖息地。邦纳给我讲了一个成功的故事。教堂酿造厂是一家酿酒厂（其独特的广告词是"上帝在第 8 天创造了啤酒"），位于一座前天主教教堂内。啤酒厂的烟囱里有雨燕，邦纳说服酒厂老板，保护雨燕。他们组织了"雨燕之夜"活动，让居民们出去看栖息的雨燕，喝啤酒。邦纳说："现如今感到，每年秋天雨燕带来的是福音，而不是麻烦。"

该协会还联系了烟囱清洁工，这些清洁工通常负责说服房主安装火花阻止器或烟囱盖，这些都有隔绝雨燕的效果。他们会不会建议安装可拆卸的火花避雷器，可以在冬天之前安装，并在每年春天取出，为清扫工作创造额外的经济机会？

尽管如此，雨燕保护工作还是存在障碍。邦纳希望在这个城市看到更多的雨燕塔落成，但监管过程既繁琐又冗长。另外一个障碍是匹兹堡地区 133 个地方政府的分散。尽管如此，匹兹堡正在成为全球领先的以雨燕为中心的城市（和地区）之一，并激励着其他社区。

当然，很难找到比雨燕更奇妙、更有趣的候鸟。它们的行为令人震惊。普通的雨燕是怎么能连续飞行数月的？烟囱雨燕每年是如何找到并返回同一个栖息烟囱的？它们怎么能像在城市和郊区的草堆里找到针一样？

正如我们所看到的，雨燕的表现并不好，单从亚特兰大到匹兹堡，再到伦敦等许多地方的工作，我们都可以感受到这些城市的努力。个人、组织和地方政府可以采取明确而实际的有益举措——放置雨燕筑巢箱，建造雨燕塔。

第五章
流离失所，恢复栖息：
菲尼克斯，城里洞穴，
藏猫头鹰，重觅新家

若见西关牧边，必向穴居猫头鹰（Burrowing Owl）问候，或可得"好滴，好滴"之音，为其回礼也。

——《鸟语笔记》（*BirdNote*）[1]

世界各地快速城市化，是栖息地丧失的另一大原因。在极短时间，地球已从以农村和农业为主，变成了一个城市星球，世界上现在一半以上的人口，生活在城市。这种城市化很大程度上是蔓延——低密度地扩张，依靠小汽车通勤，道路、铺装和不透水表面快速扩张。

　　对于靠成熟落叶林生存的画眉鸟来说，这些栖息地的丧失是毁灭性的。我采访过犹他大学的教授克拉克·拉什（Clark Rushing），他一直在用模型模拟画眉鸟全年的生命周期。[2]这种壮观的鸟类的数量和轨迹看起来并不乐观。拉什告诉我，造成它们数量下降的原因有很多，栖息地的丧失是一个重要原因，但他的建模工作表明，这是繁殖地和越冬地栖息地减少的结果。这两类地方的数量都出现了急剧下降。拉辛（Rushing）指出，在我位于美国东部的家附近，尽管殖民统治后重新绿化，但在过去的几十年里，成熟或较老的森林（鸟类需要的栖息地）显著减少。"在过去的几十年里，很多栖息地已经消失了，"他告诉我。

　　他指出，最近北卡罗来纳州（North Carolina）的森林采伐和清伐为欧洲市场提供了木屑颗粒（讽刺的是，这是为了支持一种可再生能源）。[3]北卡罗来纳州每年大约有 5 万英亩的森林被砍伐，以满足颗粒厂的需求，工厂产量（以及收获）正在增加。[4]

　　许多林地损失是由城市化造成的。亚特兰大到罗利（Raleigh）走廊沿线的森林损失惨重，尤其是 85 号州际公路（Interstate 85）。"这些城市都在快速扩张，"他指出。

　　拉什认为，即使是城市附近的小块森林区域，予以保护也甚为重要，这些森林区域越小，像画眉这样的筑巢物种就越容易被褐头牛鹂（Brown-headed Cowbird）鸠占鹊巢，被猫和其他动物所捕食。他提到白尾鹿（White-tailed Deer）数量激增和城市地区森林下层植被的减少（由于过度食用），比如华盛顿特区的石溪公园。

　　拉什的模拟研究表明，画眉鸟迁徙所需的越冬地和繁殖地损失惨重，而研究发现，更重要的是繁殖地的损失。它证明了一个非常复杂的保护信息：我们需要保护本地栖息地，也要保护远方的栖息地。而本地栖息地，尤其是在市区及市郊的，需要积极保护。

了解画眉鸟的处境对人们来说仍然很复杂。拉什（Rushing）谈道，接下来面临的挑战是走向更精细的分析，需要认识到物种生存地区的巨大区域差异。2016 年，克拉克·拉什、托马斯·莱德（Thomas Ryder）和彼得·马拉（Peter Marra）在《英国皇家学会学报》上发表了一篇论文，确定了中美洲 17 个不同的地理亚种群和 5 个主要栖息地。在一些地区，画眉鸟生活得很好；而在其他地方，情况不容乐观。[5]

世界资源研究所（World Resources Institute）最近发布了一份关于全球城市化的预测报告，2018 年至 2030 年，城市和城市化地域将增加 80%（与 2000 年基准相比，城市面积增加了三倍）道路、基础设施、住房和城市建设，造成鸟类失去重要的栖息地。

随着全球人口增长和最富裕国家加速奢靡消费，栖息地丧失越发严重，对生物多样性的影响也越来越大。联合国环境规划署（United Nations Environment Programme）的《2019 年全球资源展望》报告很好地总结了这些全球资源需求。该报告估计，90% 的生物多样性损失是占用与开采自然资源的结果，其中包括农业和水产养殖、森林采伐、采矿和石油和天然气开采："不可持续的工业化和发展模式带来无情的需求增长。过去 50 年里，随着 2000 年以来，采矿采伐速度的加快，从自然界攫取的物质总量增加了两倍。"该报告的作者预测，如果此趋势继续下去，到 2060 年，全球资源开采将再翻一番。农田面积将可能增加 21%，"因为产量的增加不足以弥补对粮食需求的增加。"这些量大面广的资源开采，不可避免地导致了鸟类和其他物种在全球范围内栖息地持续严重丧失。

资源开采已经在全球范围内对鸟类产生了严重影响，尽管我们并不倾向于将我们的消费模式与鸟类的困境联系起来。在北美洲的北方森林中，每年大约有 100 万英亩的森林被砍伐，其中大部分树木用于为美国市场生产纸制品。北方森林也是数十亿鸣禽的繁殖地，是鸟类的育苗场，美国人喜爱和关心这些鸣禽，但这种联系并不明显，也很少成为我们选择纸巾或卫生纸的原因。[9]

由于沿海湿地和潮滩的消失，全球滨鸟数量急剧下降。斯科特·威登绍尔（Scott Weidensaul）以令人信服的笔调描述了主要候鸟迁徙地区发生的土地利用变化，比如一些海洋沿岸，填海围垦和工业造地，夺走了泥滩和栖息地。像滨鹬（Knot）和塍鹬（Godwit）这样的鸟类，要迁徙数千英里，它们依靠这些不断萎缩区域，来维持它们非凡的迁徙之旅，这些滨鸟数量因而正在急剧下降。威登绍尔（Weidensaul）写道："失去安全而食物丰富的地点，来休息、补充体力和过冬，导致越来越多的成年育龄候鸟，无法在迁徙中幸存，或者很晚才到达筑巢地，条件太差，没有时间精力繁殖。并非所有消息完全是负面的，一些滨鸟已设法适应了不断变化的环境和土地利用模式，但整体情况不容乐观。"

栖息地的丧失往往伴随着对鸟类造成严重的新危险，例如，来自石油、水力压裂和采矿作业的废物坑和化学池的危险。许多鸟类被这种废料陷阱吸引，最终被化学污泥和石油掩埋，这可能导致每年有数百万只或更多的鸟类死亡。[11]燃烧火炬气体对鸟类来说是另一种危险。不断变化的政治政策和松懈的环境执法进一步将鸟类置于危险之中。特朗普政府决定重新解释《候鸟条约》的条款，只禁止故意捕杀鸟类，并没有起诉石油和矿业公司，也没有根据该条约要求对导致鸟类死亡者处以罚款，这意味着政府目前没有激励公司采取措施（如在废料坑上方放置网），以尽量减少鸟类的损失。[12]未能起诉这些案件并寻求罚款也导致了用于恢复湿地和栖息地所需的资金减少了。

鸟类也经常被认为与某些城市土地用途不相容，从而受到限制或转移，例如，当它们过于靠近机场和军事基地时，就可能会发生撞击飞机事件。最近也出现了像得克萨斯州－圣安东尼奥市决定驱散埃尔门多夫湖驱散大批牛白鹭（Cattle Egrets）的例子，人们认为它们将对圣安东尼奥联合基地（Joint Base San Antonio）的战斗机构成威胁。[13]

城市扩张和城市化进程也对栖息地构成了严重威胁。我最近拜访了亚特兰大奥杜邦协会的几位工作人员，讨论了该市的鸟类。这是一个以低密度蔓延闻名的城市。亚特兰大历史上是"森林里的城市"，保留了大部分森林树冠。但随时代发展，其中大部分树冠正在消失，因为新开发似乎往往会清理开发场地，而不是以保护现有树木植被为前提来进行规划设计，尽可能多地保留树冠。

我问亚特兰大奥杜邦协会（Atlanta Audubon）的执行董事尼基·贝尔蒙特（Nikki Belmonte），她最担心的是什么。当然，有多种威胁，但她说，她认为最大的挑战是"栖息地的丧失，以及栖息地质量低劣"。即使有公园绿地，它们也不一定包含鸟类所需的自然栖息地。"你在亚特兰大这里看到了很多绿色，"她说，但越来越不是鸟类需要的绿色环境。"有很多入侵植物物种，正在替代原生冠层和地被层。改变整个景观格局。"[14]"在城市里给鸟类寻求空间应该不难。"事实上，亚利桑那州凤凰城有这样一个的鼓舞人心的故事。

凤凰城内，栖身地洞，有猫头鹰

我坐在凤凰城国际空港（Phoenix Sky Harbor International Airport）登机口处，正准备搭乘美国航空公司的航班回家，无意间听到旁边一群上了年纪的游客正在兴奋地讨论着什么。他们重温了过去几天的旅程，其中包括参观大峡谷（和一趟令人毛骨悚然的吉普车游猎之旅）。

当然，凤凰城是许多自然探险路线的起点，从任何一个方向出发，都会遇到极其壮观的自然美景。但这与我前几天的经历却形成了有趣的对比，我的经历显然更偏向于城市和郊区。我一直在花时间学习和观察穴居猫头鹰，不是在遥远的国家公园，而是住在城市里，在交通汽车和高速公路的噪声中，在杂乱的郊区房屋和商业街之间。很有可能将会有一个城市旅行团来参观这些奇妙的生物（尽管据我所知，目前还没有）。

这是一个与众不同的故事，讲述了在亚利桑那州凤凰城市中心区附近的里约萨拉多栖息地恢复区（Rio Salado Habitat Restoration Area），以及凤凰城周围的其他地方重新安置和重建穴居猫头鹰的努力。这也是一个关于有魅力的猫头鹰如何与城市、郊区社区共生共存的故事，以及如何通过这些猫头鹰的存在而让我们的生活变得更加美好。我开始以影片的形式来记录这个故事，同时促成了一部简短纪录片的拍摄。[15]

很难想象出比穴居猫头鹰更可爱的动物了。正如亚利桑那州奥杜邦协会的教育主任凯西·威斯对我说的那样，居民们对这些猫头鹰感到惊讶，发现它们与他们想象得完全不同——它们是白天活跃的猫头鹰，喜欢群居，而且生活在地下！[16]

当你第一次看到这些极具魅力的小鸟时，会意识到它们和其他猫头鹰之间的不同。有着独特的眼睛，能近 360 度地转头。常单腿站立，全神贯注，明眸善睐。飞得不高，贴地俯冲，在低矮的树枝或地面，或洞穴附近十字形木头上着陆。它们有地下家园，植根大地。

凤凰城故事的独特之处在于设置人工洞穴，随着对猫头鹰需求知识的积累，这些临时设计也随着时间推演而进步。穴居猫头鹰在亚利桑那州并非濒临灭绝，但也因数量减少趋势而令人担忧。它们在城市环境中发挥的生态功能尚不清楚，许多人工洞穴的存在，将会有所帮助。众所周知，穴居猫头鹰能聪明地从与它们共处一室的其他物种的（特别是草原土拨鼠）警报信号中学习。此外，穴居猫头鹰也会试图接近人类，以保护自己免受天敌的捕食。

为了减轻自然洞穴的损失，我们需要开发人工洞穴。穴居猫头鹰非常擅长进出这些地下栖息地，但它们自己无法挖洞（佛罗里达州的穴居猫头鹰是唯一能够自己挖洞的亚种群，可能是那里沙质土壤的作用）。它们必须依靠其他动物挖出的洞穴——特别是西部的草原土拨鼠，也有地松鼠和獾。随着时间的推移，这些穴居哺乳动物的活动范围急剧缩小，穴居猫头鹰的栖息地也在减少。

大约有 100 只穴居猫头鹰被重新安置到萨拉多河（盐河）。共有五个搬迁地点，包括我们在 2019 年那一天参观并拍摄的第 16 街地点。亚利桑那州奥杜邦协会的凯西·怀斯在现场与我们见面，向我们介绍了一些志愿者，并解释了当天的任务。当我们到达现场时，志愿者们已经在积极地工作了。他们当天的工作基本上是帮助更新和增强一系列穴居猫头鹰的人工洞穴。这次活动是亚利桑那州立大学服务周的一部分，志愿者是来自该校健康解决方案学院的工作人员和学生。

有时候，木桩撞击声和施工噪声太吵了，一只雄穴居猫头鹰就会出来抗议，施工几小时，出来好几次。它会绕着人群飞一圈，然后停在木桩上。它叫声撩人，上下翻飞，如泣如诉。

这项栖息地的改善工作是亚利桑那州奥杜邦协会（运营于里约萨拉多的一个游客中心）和当地一个名为"狂野本性（Wild at Heart）"的非营利组织的合作。"狂野本性"（Wild at Heart）组织已成为安置穴居猫头鹰方面最专业的组织。目前已经开发出一套似乎行之有效的方法。随着最近扩建 202 号高速公路等项目的开展，"狂野本性"组织被委托来关闭危险的天然洞穴，诱捕穴居猫头鹰，并将它们转移到新的人工洞穴中。这个过程还包括在非营利组织的鸟舍中停留 30 天，以打破穴居猫头鹰们的"恋家性"，若提早放生，它

A

B

图 5-1　在亚利桑那州凤凰城附近的许多地方，已经为穴居猫头鹰安装了人工洞穴。高速公路和城市道路建设——让许多穴居猫头鹰无家可归
（图片来源：蒂莫西·比特利）

们会倾向于回到最先的筑巢之地。

　　一旦猫头鹰准备好搬迁，它们就会被带到其中一个地点，比如第 16 街的位置。它们将在一个包含一组人工洞穴的帐篷里再被关 30 天，让其适应这里的环境。经过一段时间的适应后，帐篷就会被拿走。"大多数情况下，鸟儿会留下来，"怀斯说。

图 5-2　凤凰城里约·萨拉多栖息地恢复区穴居猫头鹰志愿者日的位置
（图片来源：蒂莫西·比特利）

我问她萨拉多河的猫头鹰情况如何。"总的来说，猫头鹰们做得不错。"她说，但这很难确定。"要记住的一件事是，被重新安置的猫头鹰是那些本应被迁移的鸟类，否则它们无处可去。"因此，在某种程度上，当高速公路或其他项目出现时，穴居猫头鹰别无选择。

格雷格·克拉克（Greg Clark）是"狂野本性"组织的穴居猫头鹰栖息地的协调员、穴居猫头鹰迁移专家和人工洞穴的主要设计师，现年 70 多岁的他是一名退休工程师，之前拥有多家公司。他的工程技术无疑被派上了用场。我们见面的那天，他正在指导志愿者们组装洞穴的扩建部分，他认为（而且科学也表明）扩建洞穴会更好地保护穴居猫头鹰。

这对格雷格来说不是什么新鲜事。他在"狂野本性"组织做志愿者已经二十多年了。他告诉我，在此期间，该组织为 2000 到 2500 只穴居猫头鹰搬过家，并修建了大约 6000 个人工洞穴（并非全部在凤凰城）。他解释了他们是如何发现洞穴的基本设计的，多年来他一直在调整和修改。首先是努力重新安置草原土拨鼠的努力。人工洞穴对草原土拨鼠来说并没有发挥很好的作用，但结果是，穴居猫头鹰能够迁居于此。

起初，克拉克受到了很多人对大规模建造洞穴的质疑。他告诉我："人们认为，在洞里挖大量洞是不实际的。""作为一个机械工人，我能预见这个项目可以扩大规模。"

事实上，他已经扩大了规模。克拉克曾指导志愿者安装了六千个人工洞穴，他认为对志愿者工作的重视是这项工作的关键因素。他说："住在穴居猫头鹰附近的人们可能会对保护穴居猫头鹰产生直接影响。""它就在他们住的地方旁边……他们可以直接帮助那只猫头鹰。"

这一天，工作人员正在安装新的地面油管，之后将用泥土和石头覆盖。

烟囱被放置在地面上，用电线将油管固定在地面上，并将油管的开口固定在正下方的硬瓦上。

图5-3 里约·萨拉多的志愿者帮助加固和扩展人工洞穴猫头鹰巢穴
（图片来源：蒂莫西·比特利）

　　最重要的是，这些管子的延伸处有一个新的、更宽的开口，格雷格解释说，这将使成年猫头鹰和它们的雏鸟在遇到捕食者时更快速、更容易地撤退到安全的洞穴。这也部分解决了淘气的孩子们向洞口扔石头的问题。改进的一部分是降低通往洞穴的开口；另一部分是帮助需要快速逃跑的雏鸟。
　　该场地位于里约萨拉多的五个洞穴地址之一。这些搬迁地点不同寻常，因为它们是在公有土地上，居民们可以合法地参观洞穴和观赏穴居猫头鹰。而在道路的另一边，场地两侧拥有众多的轻工业公司。随即我好奇起在那里工作的人们是否注意到了这些穴居猫头鹰。我们参观了大约一个小时后，一位年轻人走了过来，告诉我们他喜欢每天去看穴居猫头鹰。他还说，其实对它们的了解并不多，但很喜欢它们。这里没有明显的标识来证明它们的存在，只有一个小小的告示牌，上面写着围墙沿线搬迁工作的信息。

事实证明，凤凰城地区到处都是穴居猫头鹰，不幸的是，它们经常妨碍诸如 202 号高速公路扩建和一般的扩张发展模式等项目。凤凰城是一个一直在发展并将继续发展的大都市。尽管这一热情的组织努力工作，但在这座城市里是否还会有穴居猫头鹰的一席之地还是一个悬而未决的问题。

　　为了建造洞穴，必须用挖土机挖沟。管道向下延伸 4 英尺，通向一个 5 加仑的桶，形成了一个地下室，尽管最近该组织得出结论，这些洞穴可能需要更大。猛禽（Raptors）是最令人担忧的捕食者，这一天的大部分时间都可以看到一只红尾鹰（Red-tailed Hawk）在附近翱翔。库珀鹰（Cooper's Hawks）和土狼（Coyotes）是凤凰城中鸟类的主要威胁，但狗也是。在筑巢季节，雏鸟需要能够快速地跑回最近的洞口。志愿者增加的管子长度和弯曲度将有助于保护雏鸟。据报道，穴居猫头鹰还会模仿响尾蛇（Rattlesnake）的声音，这是另一种聪明的防御手段。[19]

　　第 16 大街毗邻里约萨拉多，由于罕见的雨季期，这里的积水异常频繁。这里地势平坦，是穴居猫头鹰喜欢的地方，但是猫头鹰们不喜欢这周围众多的植被，因为这会模糊猫头鹰们察觉潜在捕食者的视线。里约萨拉多的优势所在主要是穴居猫头鹰的洞穴基本上位于公共公园，是在公有土地上。大多数情况下，猫头鹰的搬迁地点位于私人财产上，因此不会被公众看到。正如怀斯所指出的，这也意味着志愿者们可以回来看看猫头鹰，并参观他们所参与建造的新家。

　　凯西·怀斯（Cathy Wise）告诉我，萨拉多河（Rio Salado）的场地可能已经达到了容纳更多洞穴和更多猫头鹰的能力。限制因素是食物的供应，特别是在第 16 大街的站点。通常，这个站点可能会看到三对筑巢的穴居猫头鹰。几年前，一项对现场食物来源的研究得出结论，猫头鹰的确有足够的食物，但这在更多城市地区是一个长期存在的问题。

　　工作结束后，志愿者们拍了集体自拍照。他们看上去对自己所做的一切都感到非常高兴，显然他们从劳动中获得了一些实实在在的成果。这是一个敬业和令人印象深刻的团队，虽然规模比预期要小一些，但仍努力地完成了加强洞穴的工作。凯西·怀斯向我们讲述了这种社区参与其中的价值。她称穴居猫头鹰为杰出的大使，同时他们也注意到这些鸟是多么的令人好奇和着迷，又是多么的真实，以及它们对人所产生的影响。"我现在看到的比以往任何时候都多"，她说道，"生活在这座城市里的人们都有一种真正的愿望，希望能为环境做点好事，以此来回馈社会，成为保护环境的一分子，而不仅仅是在电视节目上看或者在广播里面听，他们想亲自做点什么。"

当天晚些时候，我们拿到了在哪里可以找到更大的穴居猫头鹰群落的指示图，就去找拉文（Laveen）邻里附近。虽然仍在凤凰城的边界内，这个地点感觉更遥远。我们沿着几条土路开了下去，最后在河漫滩运河边上找到了一条砾石路，后面是一个小区的后院。在那里，我们发现了一排很显眼的人造洞穴，它们从地下探出，瞄准了对面房屋的一个角度。就像准备朝向房屋开火的炮口。

我们静静地在工地周围走着，看到了四五只猫头鹰。它们通常看起来比我们早些时候在第 16 大街认识的那只雄鸟更害羞。考虑到环境，这也不足为奇。尽管有一家人在不远处放风筝但周围没有其他人，很明显，我们走过的路上几乎没有汽车。对这些穴居猫头鹰来说，这似乎是个好地方。

当我静静地走过时，我会看到一个脑袋突然冒出来，然后消失在洞穴里。以两只穴居猫头鹰为例，其中一只栖息在洞穴顶部，它们飞走了，有趣的是，它们穿过了洪水通道，最后落到了房屋的外篱笆上，有一次，它们直接飞到了一户人家的后院。我想知道那家人是否与那只猫头鹰有私人关系。看来，房子里的居民至少会意识到穴居猫头鹰住在附近。

周六早上，结束了周五在萨拉多（Rio Salado）的工作后，我独自前往凤凰城以西约有 8 万人口的阿文代尔市的埃斯特雷拉山社区学院，并花了一上午时间观看（并试图接

A

B

图 5-4 志愿者们通过延长洞穴的管道来加强猫头鹰的洞穴，为猫头鹰幼鸟提供更多保护，使其更容易逃离捕食者
（图片来源：蒂莫西·比特利）

近）穴居猫头鹰。这是一个有趣的站点，展示了猫头鹰如何在杂乱的郊区土地利用矩阵中找到空间。在这里，多达 40 个人工洞穴聚集在学院表演艺术中心的停车场边缘。另一边是一片空旷的田野，远处是独栋住宅。在太阳能发电场周围，一排排的洞穴往外继续延伸。

那天早上，即使临近中午，许多猫头鹰仍在外面活动。凤凰城的天气仍然相对凉爽，气温在 60 多华氏度。我发现一只猫头鹰从一个公用棚屋下面的一个天然洞穴里探出头来，高兴地在这座建筑形成的树荫下溜达。

这是我第一次真正有机会看到猫头鹰是如何进出这些洞穴的。在这里，洞穴的开口很窄，但它们似乎并没有减缓鸟儿的飞行速度。猫头鹰似乎会压缩自己的身体，毫不费力地进出洞穴，就像草原土拨鼠一样。

因为那天是周末，停车场几乎空无一人。我发现自己在想，这个社区学院的教职员工和学生们是否注意到了猫头鹰，他们是否知道猫头鹰在那里，也许他们对生活在那里有一些自豪感。

搬迁之事，喜忧参半

正如这个故事所暗示的，在凤凰城这样的城市里，确实有可能找到恢复和重新安置穴居猫头鹰等物种的方法。靠近城市和郊区的住宅和居民，虽然是喜忧参半，但也提供了观赏和欣赏这些美妙鸟类的前景。

凤凰城的故事确实提出了严重的政策和规划问题，即这座城市里是否有足够的努力去保护这些鸟，并从一开始就避免它们流离失所。正如凯西·怀斯所指出的，也许我们应该重新考虑像高速公路扩建这样的项目。她说："如果我们换一种方式规划交通，这些猫头鹰就不需要被转移了。"这表

图 5-5　在凤凰城的许多地方，穴居猫头鹰与附近的人类发展共存
（图片来源：蒂莫西·比特利）

明需要在规划和开发过程中给予穴居猫头鹰和其他鸟类和动物更多的地位。这在凤凰城不太可能发生；不过，值得称道的是，该市正在扩建轻轨系统，并试图促进更密集、更紧凑的增长，至少在城市范围内是这样。

佛罗里达州采取了一种不同的方法，对那些可能会影响穴居猫头鹰的项目机构或开发商提出了一套更严格的保护要求。尽管穴居猫头鹰没有被联邦政府列入联邦濒危物种法案，但至少在佛罗里达州，它们已被州法律指定为受威胁物种。佛罗里达鱼类和野生动物保护委员会（Florida Fish and Wildlife Conservation Commission）制定了一项动物保护计划，并推行了一套令人印象深刻的穴居猫头鹰保护指南。任何可能会影响穴居猫头鹰或其洞穴的开发都必须获得所谓的"个案开发许可证"，要求在可能的情况下，避免和最小化对其开发的影响，在不完全可能的情况下，缓解和对其进行补偿。只有在"对物种有科学保护益处，且申请人必须证明所被允许的活动不会对该物种的生存潜力产生负面影响时"，才允许发放项目许可证。有趣的是，目前尚不明确这些举措在实行中的严格程度，也不清楚申请开发许可证的难度有多大，但是佛罗里达州的做法似乎是朝着正确的方向迈出了一步，比亚利桑那州的政策更能为穴居猫头鹰提供强有力的保护。

与此同时，像我们在第16大街所拍摄的搬迁工作将继续进行，这将是一个必要和有用的步骤。我发现自己在精神上又回到了那些即将离开的游客在大峡谷玩得如此开心的场景。难道没有包含穴居猫头鹰在内，同样令人愉快且截然不同的城市之旅吗？会有穴居猫头鹰旅行团吗？很多人仍然不知道这座城市里和周围有穴居猫头鹰，因此它必须吸引当地居民和游客。它可以创造一些工作和收入，其中一些可能会用于进一步恢复和重新安置猫头鹰，但无论如何，这将有助于提高人们对生活在他们之中的非凡的小猫头鹰的认识。

容猫头鹰，为城增益

我与穴居猫头鹰的经历让我想起了卡尔·海森（Carl Hiaasen）的青少年书籍《呐喊》（*Hoot*）。我找到了这本书，又读了一遍，意识到这本书准确地抓住了当今穴居猫头鹰生存状态的本质。故事涉及南佛罗里达州的一群中学生，他们发现并最终努力阻止一个新的开发项目发生在几对穴居猫头鹰的家园。这个故事包含了我们在猫头鹰和鸟类身上所面临的道德困境和困境的所有关键因素：为了适应新的发展，杀死和取代猫头鹰是正确的还是可以接受的？

父亲代表着成年和理性，他解释说房产是开发商的。而书中的主要叙述者罗伊（Roy）认为："仅仅因为某些事情是合法的，并不意味着它就是正确的。"故事的结局很好，中学的孩子们组织了一场出人意料的抗议，公司同意将这块土地作为穴居猫头鹰的永久保护区。

海森的故事和凤凰城的现实动态表明，尽管并不容易，但在城市中总是有办法和地方来容纳穴居猫头鹰。为猫头鹰腾出空间是正确之举，但找到方法确保孩子和成年人生活在充满奇迹和野性的城市也是明智之举。

第六章
垂直雀城，立于星洲，
犀鸟繁衍

无女无子，当未闻春鸟而长成。

——蕾切尔·卡森（Rachel Carson）

新加坡《海峡时报》（Straits Times）的头条是"到访的一对犀鸟令公寓居民兴奋不已"。一对东方花斑犀鸟栖息在该市别多克区（Bedok）的郊野公园公寓（Country Park Condominium）开发项目的阳台上，尽管犀鸟在新加坡已经灭绝了一百多年，国家公园委员会（NParks）的陈莉娜博士（Lena Chan）是一位国际知名的城市生物多样性专家。她说："在高楼林立的地区看到它们并不罕见。""犀鸟已经能够适应更城市化的环境。"

这种鸟最独特的地方——当然，正如它的名字所暗示的那样——它是犀鸟，或者更准确地说，是它有盔壳（Casque）。比喙或喙更大，是头上和附在喙上的更大的奇异结构。韦伯斯特（Webster）对盔壳的定义是"头部盔甲"，换句话说，就像一顶头盔一样！这是多么好的头盔啊。犀鸟头身的色泽和形态有着显著的差异。独特不寻常，引人注意。

这些物种的原生栖息地是茂密的森林，但随着新加坡的发展，森林被砍伐殆尽，直到20世纪中期，这些物种几乎所剩无几。最后一次正式记录东方花斑犀鸟（Anthracoceros Albirostris）是在1855年，这种独特的鸟类到20世纪90年代中期才被再次发现，这中间有一段明显的时间间隔。犀鸟的回归证明了新加坡为了使这座城市的高层建筑空间成为对鸟类更加友好的栖息地而作出了努力。犀鸟，特别是东方花斑犀鸟（本章的主要焦点），受益于尖端技术的使用，以此来更好地了解他们的筑巢习性，从总体上，这个城市国家也作出了努力，使其变得更加绿色，融入了更多的犀鸟传统家园热带低地森林元素。与亚利桑那州凤凰城和穴居猫头鹰栖息地相比，新加坡的建筑更为高耸入云，建筑密度更高，同时新加坡采取了一种不同的方法，以建筑的立面和连接处的绿色空间为关注重点，营造了更像丛林的生态系统。

如今，新加坡已发展成为名副其实的绿色环保城市。它通过一系列相关政策来做到这一点，包括要求新的高层建筑

（大多建在这个空间有限的岛城）通过设计新的"垂直绿化"或垂直形式的自然环境，来代偿失去的大自然。新加坡还投资于植树造林和对鸟类有利的多层环环相扣的树冠层。人们还在努力用更多的天然溪流和水道，来取代排洪渠，就像加冷河的戏剧性案例一样，它现在自然蜿蜒流经该国最受欢迎的碧山公园。（大多数人都认为，这导致了这座城市最有名的动物——被称为碧山水獭的、皮毛光滑的水獭家族到来。）

犀鸟回家

全世界大约有 54 种犀鸟，主要分布在亚洲和非洲。其中有八种犀鸟原产于周围更大的地区。

新加坡于 2009 年正式启动了一项名为"新加坡犀鸟保护计划"（SHP）的犀鸟保护工作。该计划聚焦于东方花斑犀鸟，这是一项由国家公园、新加坡野生动物保护区和几所新加坡大学合作开展的项目。这个项目是由曾在裕荣鸟类公园工作的鸟类专家和研究员马克·克雷马德斯（Marc Cremades）和著名鸟类学家、医生和妇科教授吴顺哲（Ng Soon Chye）共同发起的。这个项目的工作核心是设计和安装人工巢箱，以容纳新的筑巢鸟类。这些鸟不自己筑巢，而是寻找并占据树洞作为它们的巢穴。因此，随着天然巢穴的减少，创造人工巢穴来取代天然巢穴就成为关键。目前新加坡已经设计和安装了 20 多个这样的巢箱，每一代的巢箱设计都有进一步的更新。

箱子主要由胶合板制成，设计了独特的菱形开口。这些"智能"鸟巢箱旨在监测鸟类并收集有关它们的科学数据。巧妙的是，该设计包括一个外部栖木，它同时也是一个称重秤。

箱子配备了测量温度和湿度的传感器。主筑巢箱下方还

图6-1　东方花斑犀鸟现在出现在新加坡，它是从那里的一个广泛的巢箱计划中改良而来的

[图片来源：国家公园委员会的卡瓦依·蔡（Kawai Choy for Singapore Nparks）]

有一个刻度表。有多台摄像机拍摄和监控这些鸟，包括巢箱内外的红外摄像机，以及安装在巢箱内部的圆顶摄像机。通过这种密切监测，我们学到了很多东西。其中一个更有趣的事情是，犀鸟妈妈是如何教雏鸟在巢外排泄的，这只会在雏鸟睁开眼睛后发生。

正如头条新闻的标题所暗示的那样，这一努力是否成功，最好的衡量标准就是现在在城市内外看到的鸟类数量。2012年，这一数字估计在75到100之间。有照片显示，这些鸟出现在阳台上，栖息在密集的垂直城市的其他地方，居民可以看到和欣赏它们。正如克雷马德斯和吴顺哲所指出的，"看到这么大的鸟在回归城市，这对孩子和大人来说是一个强有力的信息。❸它们的大小和颜色使它们在城市环境中显得格外引人注目。"

随着研究人员继续监测犀鸟，他们将能够扩大项目成果，为犀鸟、其他鸟类和动物创造栖息地。克雷马德斯和吴顺哲说："在整个项目中，犀鸟通过在城市中心发现新的栖息地，向我们展示了它们强大的适应能力。""我们必须加强这些通常作为野生动物庇护所的地区。为养活大量的动物，重新种植当地植物是我们城市的犀鸟长期恢复的下一步。"[4]

虽然目前还没有犀鸟的数量，但新加坡国家公园委员会的陈莉娜告诉我，它们的数量是正常的，而且可能还在增长。经常有人看到鸟类，有些人（再次）从阳台上看到，常常让人非常高兴。联合创始人吴顺哲的简介总结了 SHP 在短时间内取得的成就："这只鸟从主要出现在帕劳乌宾岛（Palau Ubin，位于东北部的一个独立且不太发达的岛屿）上，到十年内在新加坡大陆各地频繁出现。"[5]

田园中的，合生城市

新加坡代表了一个不同寻常的未来城市模式，是一个展示了生物多样性和城市密度共存的潜力的地方。几年前，新加坡将其官方宣传语从"新加坡，一座花园城市"改为"新加坡，一座花园中的城市"，这是一个虽小但意义深远的变化。这是一个渴望让公民沉浸在大自然之中的地方，但也让绝大多数人居住在高层建筑中（该国 80% 的人口居住在社会住房中，这本身就是一个令人印象深刻的事情）。最近，新加坡国家公园委员会一直在用"花园中的生态城市"来表达，进一步强调了自然环境。

在过去五年左右的时间里，这座城市及其设计师和开发商在政府的财政资助下，破土动工，开发新的垂直自然模式。当地设计公司沃哈（WOHA）的作品包括皮克林宾乐雅（Parkroyal on Pickering）酒店、市中心的绿洲（Oasis）酒店，以及最近的一个名为海军部混合体（Kampung Admiralty）的混合用途社会住房开发项目。我很荣幸地能够住过前两家酒店，并参观了第三家。他们在一些重要方面取得了突破，并表示这种发展模式对鸟类具有潜在价值。

皮克林宾乐雅酒店可能是新加坡最受国际认可的建筑，至少在绿色建筑世界中是这样。它的空中花园——一系列种植窗台——是它最引人注目的绿色特征，当从街上走到建筑时，垂下的植物也在视觉上引人注目。这座建筑比街对面的历史公园提供了更多的公园空间和绿化。

市中心的绿洲酒店以另一种方式引人注目。这是一个更高的结构，更传统的高层建筑形式，它的大部分是一个酒店。从街道上看，它最突出的特征是覆盖其外部的立面格架系统。已种植有 21 个品种的开花藤蔓；事实上，一个想法是，无论一年中什么时候，都会开花。

我非常喜欢"盛开的建筑"的概念，以及我们可以根据它是否盛开以及多久盛开来判断一座建筑（和一座城市）的概念。在沃哈办公室的一次采访中，王文森（Wong Mun Summ）告诉我，他在设计这座建筑时明确考虑到了动物和野生动物。

这种外观也有许多共同的好处。它有助于遮阳降温，能减少能源消耗和碳排放。

然而，从地面层上无法看到绿洲酒店的许多绿色植物和自然景观。空中花园共有四层，包括客人登记入住的第六层。这些楼层是花园露台形式，有树木和绿色植物，还有可以坐在室外的地方。与许多其他传统酒店建筑相比，这些空间不是密封的，也没有空调。王告诉我，在空中花园楼层，可以享受宜人的微风，比在街道层要凉爽。这当然符合我自己对这些空间的使用经验。

但这样的建筑对鸟类有多大好处呢？2018 年，沃哈对绿洲酒店进行了生物多样性调查，发现了一些有趣的结

图 6-2　新加坡市区绿洲酒店的外观设计考虑到了鸟类和野生动物。外部有铝制的棚架，上面种植着 21 种开花的藤蔓植物
（图片来源：蒂莫西·比特利）

果：该建筑的生物多样性调查历时大约 7 个月，并对附近的两个公园和附近的一片绿地进行了调查以进行比较。虽然绿洲的内部和正面的鸟类数量较少，但在那里记录了 6 种鸟类，包括黄孔金莺（Yellow-vented Bulbuls）、黑枕莺（Black-naped Orioles）和橄榄背太阳鸟（Olive-backed Sunbirds）。昆虫的多样性也是相当大的。

该研究指出，与周围的公园相比，绿洲酒店的自然面积较小，这样的结构被认为最好是廊道和落脚石。这也可能表明，对于像绿洲酒店这样的垂直建筑，鸟类必须找到更大的，层次更高的空中花园，更积极的尝试来吸引鸟类和容纳多种鸟类可能是必要的。值得注意的是，这些调查是在建筑完工后短短几个月内进行的。

沃哈最近的一个开发项目，海军部混合体项目，可能会提供更具吸引力的鸟类栖息地。它被设计为一系列分层的层次，顶层覆盖着原生森林。该建筑为老年人提供社会住房、儿童日托中心和医疗中心。地面层是一个"人民广场"，是个美丽的绿荫公共开放空间。在最顶层的一层有一个种植粮食的花园。

显然，解决这个问题的一个重要部分是尽一切可能确保，对于鸟类和其他物种来说，每一个新的建筑都有助于建立一个有利于鸟类和生物多样性的综合城市环境。单靠一座建筑是无法做到这一点的，但它可以帮助将新加坡这样一个人口稠密、高度发达的城市中存在的许多不同的栖息地和栖息地斑块拼凑在一起。

由于现有的政策，新加坡未来的增长将主要通过建设绿色塔楼来实现，比如由沃哈设计的那些。对于鸟类来说，这可能是一幅好坏参半的画面，至少在短期内是这样。垂直结构模糊了建筑和公园之间的界限，这是全球的趋势。建筑师斯坦法诺·博埃里（Stefano Boeri）和武重义（Vo Trong Nghia）也同样创造了新的垂直绿色建筑模式。

很少有绿色建筑能像意大利米兰博埃里的垂直森林那样受到如此多的关注。该项目由两个住宅塔楼组成，周围是种植箱内的成熟大树。博埃里这样描述这个项目的绿化，旨在为鸟类、昆虫和其他动物在城市中创造新的空间：

> 垂直森林增加了生物多样性。它有助于建立一个城市生态系统，在这个生态系统中，不同种类的植被创造了一个垂直的环境，可以容纳鸟类和昆虫，因此，它既吸引了植被和动物，又象征着植物和动物对城市的自发重新定居。在城市中建立一些垂直森林可以建立一个环境走廊网络，这将给城市的主要公园带来生机，将林荫大道和花园的绿色空间聚集在一起，并交织各种自然植被生长的空间。[7]

塔楼包括阳台，总共约有 800 棵成熟树木，4500 棵灌木和 15000 株植物。据说，博埃里选择这些树时考虑到了鸟类，许多树都是果树。

理查德·N. 贝尔彻（Richard N. Belcher）及其同事对这些建筑上发现的鸟类进行了第一次调查，他们称之为"绿色高密度建筑"，并将它们与普通密集型建筑进行了比较。[8]该研究得出结论，绿色高密度建筑（其中三个建筑之一是博斯科垂直森林）确实支持更大的鸟类多样性，这与早期的一项研究结论一致，该研究发现，与荒芜的建筑立面相比，鸟类对绿色墙壁的使用率更高。尽管如此，在像博斯科垂直森林这样的绿色垂直建筑上发现的物种数量仍然只是在米兰可能遇到的鸟类中的一小部分。

如何看待城市鸟类在垂直生长过程中的栖息地价值，如绿洲酒店和博斯科垂直森林（Bosco Verticale），仍然是一个悬而未决的问题。贝尔彻和同事们可能是正确的，在这些建筑物上发现的鸟类的多样性和丰度将在很大程度上取决于附近其他公园、绿地和树木的多样性，以及"附近鸟类物种的可用池"。这样的结构被认为是最好的垫脚石，尽管它们的设计显然可以加强筑巢、栖息以及觅食的价值，就像博斯科垂直森林（Bosco Verticale）的果树一样。

新加坡高密度垂直城市模式最终将在很大程度上取决于存在的绿地和自然网络，以及它们如何相互连接（或不连接）。毫无疑问，人们越来越期待垂直建筑为鸟类提供栖息地，而我们必须做得更好，无论是30层还是3层的建筑，在设计之初就应该考虑到鸟类。

未来，我们很可能会看到世界各地的许多城市都会出现树木茂盛的生态塔，这些塔由不同的公司设计，以不同的创意方式，希望能为鸟类友好型城市作出贡献。在安大略省的多伦多，一个名为"设计师之路"（Designers Walk）的有趣的住宅楼新设计已经获得批准，并将在未来几个月破土动工。该建筑由建筑师布莱恩·布里斯宾（Brian Brisbin）设计，它将包括大约400棵树，其独特的设计使树木能够从建筑的地板上生长起来。最终将会变成美妙的绿色露台，将自然带入室内，同时增强周围社区的自然和绿化。正如布里斯宾在一次采访中所解释的那样，他把塔楼视为这座城市的生态航路标。该市已经制定了一些雄心勃勃的植树目标，如果没有这样的塔，很难实现这些目标，但更深刻的是，布里斯宾希望这些树木茂盛的塔能够相互连接，与公园和城市中的其他绿色元素相连，帮助培育出一个丰富的生态矩阵，这将有利于鸟类和人类。⬛

"设计师之路"也是一个研究案例，能够帮助我们理解城市是如何热爱并渴望未来可持续发展所需的密度的。像这样的新项目通常会受到周围居民社区的抵制（邻避综合征——"不要在我的后院"）。布里斯宾告诉我，这种情况并没有发生——相反（令人惊讶的是），社区居民成为该项目的积极倡导者，把它视为一个"梯田山坡上的树木社区"。

当然，正如我在整本书中所论证的那样，为鸟类设计本身是有意义的。但它也将有助于使更密集的城市项目和建筑更受人们和现有社区的欢迎和吸引力（同时也有助于遏制城市蔓延和城市边缘的栖息地消费）。布里斯宾讲述了他目前居住的这座八层建筑的设计故事：对他来说，一个主要的好处和消遣是欣赏到他的露台上的鸣禽！

第七章
赏鸟于城，观念亦变

　　看着一只翱翔的秃鹫，就像在（空中）冥想。翅膀在微风中轻轻摆动，呈现出小小的夹角，它的飞行看起来平静而优雅，像是在沉思。虽然它们的动作是有目的的，但它们看起来很放松，不慌不忙，就像长而缓慢的呼吸。在压力或挣扎的时候，凝视头顶上的秃鹫，是在提醒你：滑翔，航行和利用盛行风向。

　　　　　　　　　　　　——凯蒂·法伦（Katie Fallon）[1]

与观赏鸟类相比，人们更普遍并且更容易获得对大自然的种种体验。不论是从很小的时候还是到很老的时候，每个人在人生的每个阶段都可以做到。这往往只是他们一个人在开车或乘公共汽车或步行去上班的路上，把目光投向天空的时候。或者更常见的是，从我们的房子或公寓的窗户里看鸟。我们也可以越来越多地通过网络观察鸟类，在办公桌前享受自然疗法。这一章着眼于人们观察鸟类可以获得的情感益处，并重点介绍了几种在城市中未被充分关注的鸟类。

　　观察鸟类，当我们的视线追逐它们在空中飞行时，可以显著地减轻紧张和压力；看鸟能让我们放松，让我们的心境更加平静。一些人将城市描述为"复杂的压力诱发器"，生活在城市中的所有人都被施加情感惩罚。

　　一些人安装了鸟类喂食器并通过这种方式观察鸟类，英国的一项研究探究了这一行为的动机和所获得的益处，并以自我报告的方式阐释了观鸟放松的益处。研究人员对伦敦北部三个小城市的 331 名居民进行了调查，发现"大多数人在花园里看鸟时感到放松，感觉自己与大自然联系在一起"，而且"随着喂鸟活动的增加，以及在一天中花更多时间观鸟，他们这种放松感和联系大自然的感觉也会更强烈。在受访者中，年龄 40 岁以上的人则会更加放松。"[2]

　　作者认为，"在花园里喂鸟"作为人们日常亲近大自然的方式之一并没有得到重视，对许多人来说，观察和倾听他们周围的鸟类，打理一个或多个喂鸟器，不失为一个绝佳的方式以满足他们最基本的日常自然需求。

　　有一些令人印象深刻的地方是，如果人们主动来提高鸟儿们生活的自然环境质量，比如放置和打理喂食器，鸟儿会加倍地回报你。

　　作者写道："我们看到，通过维护喂鸟器，观察鸟类吃食，人们都说会更加放松，有助于降低压力水平。"虽然没有明确因果关系，但我们认为，如果人们经常喂鸟，并因此接触大自然，就会感到与大自然有更深的联系，这并不奇怪。"观察喂鸟器上的鸟类，听它们唱歌，为在自己的花园中加强这种联系，提供了机会。"

尽管作者得出结论，观鸟使人从心灵上受益是最重要的行为动机，但很明显，经常喂鸟的人们对鸟类本身的安宁也表现出了关心。"事实上，许多人非常热衷于关注他们花园中鸟类的生存，这从他们也愿意投入时间来消除影响鸟儿们栖息的风险就可以看出。比如遵循实践指南采取最佳做法来减少疾病传播的风险。"

认识到关于接触自然有益于健康的文献在不断增加是很重要的。最近一项针对英国大型数据库（约 95000 份记录）的调查研究了社区绿化与抑郁症之间的关系，发现了一种显著的相关性：你的住处绿化越好，得抑郁症的可能性越小。因此，住在树木、绿色植物和鸟类附近有明显的"保护效益"。这些我所称的"心理生态系统服务"确实意义重大："随着快速的城市化和城市建筑的逐步密集，优化个人层面的绿色接触可能是城市设计和规划实现的最持久的公共卫生干预之一。"[3]

2017 年，我为海岛新闻博客写了一篇题为"鸟类疗法（Bird Therapy）"的客座专栏。当时我不知道把观鸟作为一种有效治疗形式的这些想法，对英国教师乔·哈克尼斯（Joe Harkness）有特殊的意义。哈克尼斯最近出版了《鸟类疗法》[4]一书，书中讲述了他通过观鸟逐渐治愈了自己的强迫症和广泛性焦虑症的故事。《鸟类疗法》是一本观鸟指南，一部分是致敬哈克尼斯最喜爱的鸟类，但更重要的是通过第一手资料佐证了鸟类能够提供深入而实用的心理健康治疗。在叙述中，哈克尼斯多次描述了鸟儿帮助他平静下来，安抚他的焦虑，唤起他对周围事物的专注。

哈克尼斯在书的最后一章写道："鸟类和大自然，是如今我心灵的锚。""它们是稳定可靠的，在某种程度上，人类很难企及，这也许是我和许多其他人在百般无助的时候，求助于鸟类的原因。即使我们周围的世界一片黑暗，鸟儿仍在歌唱，仍在迁徙——它们就在那里，以一种或许我们都渴望的方式存在着。"[5]

在讲述英国观鸟的故事时，哈克尼斯（Harkness）提出了一个铿锵有力的观点，即鸟类帮助我们打破高度个性化的外壳，提供了与他人建立友谊和互动的机会。观鸟不仅可以促进人们体育锻炼，从事利他行为，还可以培养好奇心和终身学习能力，并让我们深入了解周围的风土环境。

我们越来越认识到，仅仅是观察和倾听鸟类的行为就会使我们更健康快乐，有助于减少我们生活中的压力，治愈我们精神上和身体上的疾病。

尤其是在过去的十年里，一大批令人印象深刻的研究显示了大自然的力量——它能使人凝神镇静、积极地改变人们的情绪、提高认知能力。我们或许一直都知道自然有益于我们，越来越多的实证研究也正在不断证明这一点。尽管这些研究仍然缺乏因果关系，但很强的相关性表明这不是凭空联想的结果。

我们对自然的看法正逐渐克服传统的分歧。我们过去常常认为自然是与众不同的，是一个在假期偶尔去参观的地方。它通常被看作是遥远并且我们必须去的，可能是一个国家公园或国家野生动物保护区。但我们今天尤其需要的是许多人所称的"日常自然"，即我们生活、工作和度过大部分时间的周围环境。

这就是鸟类扮演至关重要角色的地方。它们既远在天边，又近在咫尺。事实上，它们是日常自然的最终形态——迷人、愉悦、美丽——它们就在我们的窗外，在我们的后院，栖息在我们每天路过的一棵树上。在平淡无奇的一天中，有机会听到或瞥见一只鸟会使一切都变得不同。鸟类代表城市自然一个显著的蓄水池。

《卫报》最近报道说，苏格兰设得兰群岛的医生现在被授权开"漫步和观鸟"处方。大自然的处方越来越多，英国最大的非政府环保组织之一——皇家鸟类保护协会（RSPB）已经准备了观鸟日历和步行清单来帮助人们。病人将被推到设得兰高地荒原上的山坡上散步，并被引导到沿海的小路上观看管鼻鹱海燕（Fulmars），在海滩上捡拾贝壳（Shell），在 2 月收集雪花莲（Snowdrop），并观察长尾鸭子（Long-tailed Duck），蛎鹬（Oystercatchers）和麦鸡（Lapwings）。[6]

2017 年，埃克塞特大学（University of Exeter）的研究人员进行了一项研究，试图探索社区的绿化程度、鸟类栖息的程度和居民心理健康之间的联系。毫不意外的是，他们发现"生活在绿植覆盖度较高的、午后鸟类较多的社区，人们的抑郁、焦虑和压力程度会有所减轻。"[7] 我们喜欢鸟儿相伴，它们的存在使我们的生活得到了不可估量的改善，鸟儿相伴时，我们感觉更轻松，压力更小。

激活后院，适宜栖息，有益于鸟

努力改善自家后院的鸟类栖息空间，对鸟类和人类都非常有益。俄勒冈州波特兰市有一个令人印象深刻且具有启发意义的后院栖息地认证项目。这是一个严肃的项目，需要通过现场检查并且具有可核实的栖息地阈值，才能真正被承诺认证；为了达到最高级别的白金认证，后院至少 50% 的范围必须种植亲鸟型的本土植物。

波特兰奥杜邦协会该评估项目主管之一妮基·韦斯特（Nikkie West）花时间解释了其益处和工作机制。该公司与哥伦比亚土地信托公司（Columbia Land Trust）联合运营，后者是一家主要持有波特兰外围土地的信托公司。该项目于 2009 年在波特兰市启动，从那时起，约有 5200 处房产参与了该评估项目。此项目正在逐步扩大地理范围，目标是未来两年内，在波特兰大都会地区的所有四个郡县推广。

还有其他的后院栖息地项目，包括韦斯特称赞过的国家野生动物联盟（National Wildlife Federation）运营的一个项目。但波特兰的项目有所不同，一部分是因为房主必须做一些实际的事情才能获得项目认证。韦斯特告诉我，这有时会让房主感到震惊："你是说我的喂鸟器还不够吗？"项目认证有三个不同的级别，每个级别都对应具体的、可验证的要求。这个认证过程开始于项目代表来检查场地并进行初步评估的时候。技术人员与房主会面，讨论结果并了解参与者的目标。第一次会面通常持续一个半小时左右。在此期间双方制定了满足基准认证的初步计划，房主也得到了资源提供。例如关于在何处购买本土植物的信息，此外还有与奥杜邦有合作关系的五大苗圃之一提供的优惠券。

　　参与者甚至在做任何事情之前，就会收到一个标志，表明他们想创建一个通过鸟类栖息地评估的院子。我问韦斯特，这是否会产生一种坚持到底的心理承诺感。她同意确实如此。

　　人际关系是这个项目的一个关键区别。事实上，一个真正了解如何打造亲鸟型后院的人来到家里，和房主面对面地讨论应该怎么做，这一点是参与者非常重视的。

　　是什么原因促使人们积极参与到这个很受欢迎的项目中来呢？韦斯特告诉我，她认为有几个原因，当然包括对鸟类的关注。但更多的是，这种与社区的联系感，以及想要做一些事情来帮助解决更大的环境问题，似乎激励了许多人。"我认为，人们在这件事上有一种强烈的集体意识，"她告诉我，并相信"我们的联合行动确实很重要。"她指出，波特兰是一个不断成长和变化的社区，对于许多新加入社区的人来说，这是与这个新家园联系并融入其中的重要方式。

　　韦斯特告诉我，参与项目带来的影响是变革性的。她讲述了一个女人的故事。这个女人种植了接骨木浆果灌木，她每天早上都会哀叹需要修剪这些肆意生长的灌木。一天早晨，在她吃早餐的时候来了一群丛林山雀，鸟儿们享用着浆果。在那个奇妙的时刻，她的一切都改变了，她再也不用担心失控生长的灌木了！

直到后来，在完成初步计划中规定的行动后，如清除入侵物种或种植新的本土植物，场地才会获得认证。大约30名更专业的项目志愿者团队会再次到访，查看这些行动是否已经完成。一旦获得认证，参与者就会得到一个新的标识来取代原来的"认证中"标识。韦斯特告诉我，看到这些标志就是新参与者找到并加入项目的首要途径。通过已经参与的朋友和家人的口口相传，是了解该项目第二常见的方式。

持续性是这个项目的另一个独特之处。正如韦斯特所说，随着时间的推移，该项目会给参与者带来持续不断的动力。一旦参与者获得某一级别的认证，他们就有希望朝着更高的水平努力。该项目会通过后续电子邮件和季度通信与参与者保持联系，有时还会公布当地苗圃的植物销售和折扣情况。

我们讨论了如何评估这个项目的资金来源。它开始时更多地是依靠拨款，而现在是一个收费服务项目，大部分资金来自于当地政府合作伙伴。包括波特兰市在内的地方政府已经认识到该评估的价值，它可以切实推进从雨水管理到生物多样性保护等一系列地方环境目标。

我问韦斯特，5000余个经过认证的后院是否可能产生更多的累积影响。她说，"很难了解它对更大范围景观或者对鸟类的影响。"但她相信这个项目很重要，这些努力的程度毫无疑问是令人印象深刻的。

很多人都难以明确该做什么和如何作出改变。这个项目提供了清晰的指导，有园艺和景观设计经验的工作人员和志愿者会进行实际面对面的帮助。为了确保成功，还有源源不断的鼓励和资源提供。

正如前面所描述的关于猫院的工作一样，全国其他社区也受到了这种认证后院方法的启发，并试图效仿它。韦斯特查阅了她的电脑，并指出至少有35个地方就该项目联系过她。从弗雷斯诺（Fresno）到芝加哥再到图森（Tucson），她与其他人分享了波特兰的模式。

像乔治亚州的亚特兰大等这样的城市也推出了自己的模式，但总的来说落后于波特兰。妮基·贝尔蒙特（Nikki Belmonte）解释说，亚特兰大奥杜邦协会的"野生动物保护区计划"已有550处基地得到认证。这是一个谨慎的数字，也是一个良好的开端。贝尔蒙特说，亚特兰大努力将更多精力放在更大的公园和景观上。这个项目基本上没有拿工资的员工，完全由志愿者管理。

> 妮基·韦斯特经常被我和其他人问到的一个问题是，参与者是否必须或应该只使用本地植物物种。似乎确实有证据支持这一立场。最近，一个名为"邻里观察"的公民科学项目研究了华盛顿特区的卡罗莱纳山雀的繁殖情况。研究发现，种植了非本地植被的后院，节肢动物的数量要少得多，这迫使（鸟类）将食物转向不那么受欢迎的猎物，生育更少的幼鸟，或者完全放弃在非原生地繁殖……"我们的结果表明，以外来植物为景观的后院可以作为食虫鸟类的种群汇。为了促进可持续的食物网，城市规划者和私人土地所有者应该优先考虑本地植物物种。"[9]

对美国草坪的重大反思和文化复兴姗姗来迟。重要的是要认识到，许多因素导致它成为地位的象征，包括数十亿美元的草坪护理行业，以及把拥有整洁的草坪与成为一个好公民联系在一起的广告活动。[10]然而，做一个好公民，意味着要考虑包括鸟类的整个（生物）社区，我期待着有一天我们庆祝家里花园周围存在的生物多样性。

游隼鱼鹰，金雕之类，透过镜头，传播大众

　　鸟类摄像头（更普遍地说，野生动物摄像头）数量激增。它们有助于激发人们对鸟类的兴趣，并将我们与鸟类联系起来，它们让我们能够以一种原本很难的方式来亲密了解鸟类的生活。看到鸟巢里的蛋，看着小鸡孵化并最终长出羽毛，看着父母送来刚弄好的食物——这些都是鸟类生活的重要方面，否则很难或不可能看到。

　　有时摄影机会展示鸟类世界的严酷生活。在不列颠哥伦比亚省的温哥华，最令人印象深刻的一个鸟类摄像机里的画面瞄准了北美最大的大蓝鹭群落，它们有 85 个筑巢地点。这些鸟不迁徙。它们与白头鹰共同生活，白头鹰有时会杀死并吃掉苍鹭的雏鸟，这是摄像机观众和现场游客都目睹的事情。

　　有机会近距离观察这种大型鸟类的生理特征，是鸟类摄像机的一个关键优势。温哥华大蓝鹭巢穴摄像头公司的董事会主席斯图亚特·麦金农（Stuart Mackinnon）在最近的一次新闻发布会上说："能从鸟类视角，看到这些美丽的鸟类的筑巢、求爱、交配、筑巢和产卵，真是太神奇了。"[11]自从 2015 年安装摄像头以来，大约有 18 万名观众观看了视频。它的目的是让观察者可以看到多达 40 个鸟巢，可以放大或缩小，并在一定程度上控制所看到的东西。

　　另一个成功的例子是在匹兹堡市内占地 600 英亩的新公园海斯森林里，"白头鹰摄像机"监控着一对白头鹰的筑巢过程。据西宾夕法尼亚奥杜邦协会的执行董事吉姆·邦纳（Jim Bonner）说，这段视频的点击量已经超过了 700万次。他告诉我，这是吸引公众参与的一个重要工具。现在城市里有白头鹰的一个重要原因是，那里的水系质量正在不断改善。白头鹰成为与公众讨论进一步解决影响他们的污染

问题的一种方式，例如，联合下水道超载问题。"污水是一件很难有定论的事情，"邦纳承认，"但如果你说这将会伤害到你的白头鹰，他们就会关心，而且他们会和民选官员们谈话。"[12]

许多城市现在都有一个或多个游隼（Peregrine Falcon）摄像头。游隼已经出现在几所大学里，经常占据着钟楼或其他高层建筑。在匹兹堡大学，一对游隼在学习堂（Cathedral of Learning，一座高大的42层的教学楼）筑巢，而在得克萨斯大学，一只雌性游隼占据了优梯塔（UT Tower）。德州游隼在当地被称为"塔上女孩"，她是否以及何时能找到伴侣，是校园里的一个主要课题。在加州大学伯克利分校（University of California，Berkeley），一对游隼在307英尺高的康帕尼勒钟楼（Campanile Bell Tower）筑巢，用摄像机在街道上的大屏幕上实时播放活动，该屏幕暂时由加州大学伯克利分校艺术博物馆和太平洋电影资料馆（Pacific Film Archive）所提供。

观赏秃鹫，增进喜爱

尽管猛禽能激发我们的想象力，我们也欢迎鸟儿来到我们的后院，但有一些鸟是大多数人不愿看到的。美国人似乎对秃鹫深恶痛绝。也许是因为它们的黑色外形和奇形怪状的头部，或者是因为它们与死亡联系在一起，因为美国人尤其不喜欢想到死亡，也不希望周围有任何让人联想到生命终结的东西。

这种恐惧已经演变成为关于如何管理冬季聚集在栖息地的秃鹫数量真实的冲突。似乎是公众的一个或者多个投诉就会引发许多社区积极努力地驱散兀鹫。一位房主看到附近一棵树上有许多秃鹫，感到不舒服，于是打电话向镇长投诉。

想要做些什么来解决投诉是一种下意识的反应，一般采取的方式就是让一名工作人员用低音炮或者照明弹，或者是在某些情况下，倒挂秃鹫的尸体，这确实能够让秃鹫理解，并惊扰到它们。

但很少有城镇，准备用有关秃鹫的事实来驳回投诉，或将投诉视为教育的机会也很少发生；公民或选民的担忧总是被认为是合理的。与秃鹫和平、明智地相处共存，似乎是一个更好的方法，通常只需要等上一段时间，秃鹫就会自己飞走了。

与很多人不同，我是看着《土耳其秃鹫》长大的。对我来说，它们是飞行中优雅和美丽的缩影，往往会让我放慢脚步，驻足观看，产生幻想。这些天，我的观察通常被更准确地描述为瞥见。这种情况经常发生在汽车的挡风玻璃上，有时这种挥之不去的景象会让我在看到停车标志时才突然反应过来，很近地停在其他车辆的后面。就像人们周围常见的许多鸟类一样，它们不太可能得到太多的关注。

曾几何时，情况有所不同。来自俄亥俄州的两兄弟骑着自行车来到代顿以南的天然峡谷刀锋山（Pinnacles）野餐和观赏风景。奥维尔和威尔伯·莱特（Orville and Wilbur Wright）以有条不紊和科学的方法，来制作模型并测试他们关于飞行的想法。他们也花了很多时间观看鸟类飞行并深受启发。

今天，在那个地点附近，有一个历史标识，标记着兄弟俩是如何观察秃鹫"优雅地在河谷上空翱翔"的。1899 年夏天，莱特兄弟在刀锋山观察鸟类在迎风飞翔时扭动翅膀的尖端时，发展出了他们的扭转翼面理论。[13]

这是解决如何使飞机转弯或翻滚这个重要问题的方案。从这个角度出发，他们制造了一个风筝，可以测试这种扭转——他们将一边翼面向下扭转，减少升力，增加阻力，而将另一边的翼面向上扭转，获得相反的作用力。土耳其秃鹫就是这个问题的解答，它们翼梢的微妙运动，使它们可以做到，并启发了在现代飞机机翼上副翼的发明。

观看土耳其秃鹫是学习制造飞行机器的一个好方法，但我认为，它可能也会对其他领域进行创造性的思考有一定的启发作用。

凯蒂·法伦（Katie Fallon）和我一样喜欢土耳其秃鹫，她是 2016 年出版的《秃鹫》[14]一书的作者。这是一篇关于为什么土耳其秃鹫如此特别以及为什么我们应该关心它们的长篇文章。

对于法伦来说，第一手的接触使得她对秃鹫产生了喜爱、欣赏之情。她和丈夫经营着位于西弗吉尼亚州摩根敦的阿巴拉契亚鸟类保护中心（Avian Conservation Center of Appalachia）。它既是鸟类康复中心，又是动物医院，还是环境教育中心，2019 年收治了约 430 只伤病禽鸟。

该中心是三只常住秃鹫的家：两只土耳其秃鹫（卢和鲍里斯，Lew and Boris）和一只黑色秃鹫（马弗里克，Maverick）。法伦向我生动地描述了每一只秃鹫独特个性的元素，从描述中让我觉得真的了解他们。

法伦发现自己几乎总是需要纠正关于秃鹫的普遍看法，尤其是关于它们吃什么，以及它们是否对牲畜或宠物构成潜在威胁。事实并非人们所想如此，她花了很多时间来打破这些刻板印象。从解剖学上讲，秃鹫没有能力叼起一只鸡或一只小狗飞走，即使它们想这么做。重要的是，要知道它们吃的几乎都是已经死亡的食物。

众所周知，它们被认为是"专食腐动物"，这意味着它们完全以动物尸体为食。幸亏有它们为我们所有人提供了卓越的卫生和清洁服务。

当然，它们也是很棒的飞行员，优雅而平和。在我居住的弗吉尼亚州中部，它们经常出现在城镇上空或附近。在任何一天仰望天空，你都可能看到一只或多只。

在法伦的书中有一章标题为"秃鹫的家乡——弗吉尼亚"，记录了我家乡秃鹫的一些栖息地和因此发生的冲突。栖息的秃鹫有时会造成破坏（撕裂屋顶材料和堆积粪便），但大多数情况下它们不会。

图 7-1　凯蒂·法伦是西弗吉尼亚州摩根敦市阿帕拉基亚鸟类保护中心的负责人,她是土耳其秃鹫的忠实拥护者
[图片来源: 赞美凯蒂·法伦 (Compliments Katie Fallon)]

　　法伦希望我们可以开始积极地欣赏秃鹫,以不同的眼光来看待它们,我们不仅要接受它们冬季的栖息地,还应将它们寻找出来,并欣赏它们。

　　除了接纳土耳其秃鹫,我们可能想要更多地了解它们在自然界中具有的独特作用。为此,许多地方围绕秃鹫,组织了某种形式的庆典活动。俄亥俄州旅行者网站是这样描述:克利夫兰附近的欣克利镇 (Hinckley) 每年 3 月都会庆祝一年一度的欣克利秃鹫星期日 (Hinckley Buzzard Sunday) 庆典活动。

　　观看土耳其秃鹫回家栖息在欣克利的岩石峭壁和窗台上。这个一年一度的庆祝活动可以追溯到 1957 年,当时有 9000 名游客聚集在小镇上,观看秃鹫从冬眠中归来。活动包括早起的鸟儿徒步旅行;在帐篷或田野里表演的小品、歌曲和故事、展览、工艺品、照片、比赛和附加的徒步旅行。不要错过这个春天的仪式。了解一下关于秃鹫节的传说，以及为什么 3 月会有这么多秃鹫和人们出来。[15]

欣克利镇是这样描述自己的："山丘连绵，公园广阔，别墅在乡间，社团常照应，奔赴欣克利镇的人们，践行着他们的信条：虽为小镇，有容乃大——这是富有同情心而且相互关怀的社区，体现了秃鹫的核心价值观。"

土耳其秃鹫和新大陆的黑秃鹫表现良好，它们的数量实际上可能略有增加。法伦担心它们摄入铅弹，当然也担心关于冬季栖息地的潜在冲突。但在很大程度上，这些物种面临的问题是，人们需要进行更多关于它们的公共教育，以及大多数错过的欣赏和庆祝这些壮观飞行的机会。它们的无处不在和特别美丽的飞行能力表明，我们应该做更多的事情来积极欣赏它们。

第 7-1 条
图框 7-1

我们能做什么？

· 改用无铅弹药。

· 不购买象牙制品。

· 支持对兽医使用双氯芬酸予以合理监管。

· 支持采用非致命的替代方法来驱散秃鹫聚集。

· 去看看冬季秃鹫的栖息地，告诉人们你是来看秃鹫的。

· 参加秃鹫节。

· 反驳负面的公众舆论和人们对秃鹫的误解。

来源：凯蒂·法伦，《秃鹫：一种不被喜爱的鸟的私人生活》（新英格兰大学出版社，2017），205-10。

于利马城，协助秃鹫

2016 年初，我有幸参加了美国国际开发署在华盛顿特区举办的环境官员研讨会。这次会议聚集了来自世界各地的环保人员。有一天，组织者播放了一段西班牙语的短视频，这是一则公共服务公告，描述了在秘鲁利马地区使用 GPS 标记的秃鹫来发现非法垃圾场的创新成果。这是一个引人入胜的故事，促使我去寻找这个倡议是如何产生的，以及它的影响是什么。

我从美国国际开发署驻利马官员劳伦斯·鲁比（Lawrence Rubey）那里了解到利马秃鹫（美国黑秃鹫）故事的许多细节，他帮助发起了这个独特的项目。[17]这个想法是与圣马科斯国立大学（National University of San Marcos）和利马自然历史博物馆（Lima's Museum of Natural History）的鸟类学家合作开发的，目的是利用 GPS 标记的秃鹫来提高人们对环境问题的认识，尤其是利马面临着秘密垃圾场这个主要问题。

图 7-2 秘鲁利马的一个创新项目，改变人们对兀鹫的通常看法
（图片来源：美国国际开发署版权所有）

119

最终有 10 只秃鹫被戴上定位器，它们可以在网上被实时追踪。居民们可以访问网站，通过秃鹫图标的闪烁以确定它目前的位置，以及它们旅行和访问的地点。有一段时间，其中两只秃鹫配备了 GoPro 相机，拍摄了一些令人印象深刻的画面，展示了翱翔的秃鹫可能会是什么样子。每只秃鹫都有一个独特的名字，比如格里福、艾尔皮斯和希金队长（秃鹫被分成三组，每组有一个队长！）秃鹫的确已经被用于识别垃圾场，从而倡导了下一步以社区为基础的组织清理计划。

　　该倡议被视为一种教育公众了解气候变化和环境等更广泛问题的方式。美国国际开发署和秘鲁环境部认为，通过秃鹫的创意视角了解垃圾的做法，是提高居民环境意识和当地采取行动的更广泛途径。

　　值得注意的是，秃鹫似乎已经吸引了利马许多人的想象力，而这个故事也越来越多地反映了该倡议是如何改变公众对这个经常受到诽谤的物种的看法。鲁比告诉我，脸书和推特上相关的帖子和视频有大约 400 万次的社交媒体互动。这说明人们对这些秃鹫的态度似乎有所软化。他在最近的一次电话交谈中告诉我，他完整的想法是"通过社交媒体吸引人们点进网站，然后利用这一点采取社区行动。"这个想法确实倡导了许多基于社区的垃圾清理行动。

　　鲁比告诉我，这个活动似乎确实改变了当地人对秃鹫相当负面的看法。"如果你在脸书和推特上阅读评论，你会发现人们都在说'多么可爱，多么惹人喜欢'。因为每只秃鹫都有一个角色和名字，它们会发布帖子。人们对它们每一只的反应都是非常积极的，并且人们也有自己最喜欢的那只。"

　　对秃鹫的个性化包装，让人很难妖魔化或者讨厌它们。与秃鹫的近距离接触，创造性地使用我们所能利用的新技术——能够让我们与它们建立起情感联系，这是一种很有前途的方法。这些新技术，尤其是我们的智能手机，可能会让我们很容易地看到、体验到，并希望能与秃鹫等物种产生共鸣。

绿色尔干，保护秃鹫

与美洲的土耳其秃鹫和黑秃鹫相比，东半球的秃鹫过得并不好。

最近，从亚洲秃鹫数量的急剧下降可以看到药物对鸟类产生的巨大影响，这是兽医普遍使用一种名为双氯芬酸的非甾体抗炎药（NSAID）的意外副作用。[18] 秃鹫以注入双氯芬酸的牲畜尸体为食，导致肾功能衰竭和死亡。印度秃鹫数量的减少可能导致该国野狗数量增加，进而引发了一场公共卫生危机。一些人认为，这是印度狂犬病蔓延和大量人死于这种疾病的原因。2006 年，印度禁止兽医使用双氯芬酸，秃鹫数量有望增加一部分。除此之外，印度还建立了一个圈养养殖站网络以及规定的安全区域。但是，尽管印度采取了一些措施来限制双氯芬酸的使用，其他对秃鹫同样致命的药物却几乎没被限制。

包括欧洲黑秃鹫和格里芬秃鹫在内的这些穿越巴尔干半岛的秃鹫，都面临着一种不同的中毒威胁。农民经常用有毒的诱饵来对付狼、狐狸和其他食肉动物。位于保加利亚普罗夫迪夫的"绿色巴尔干组织"一直致力于以创新性的方式解决这一问题，包括培育牧羊犬，并推广它们作为保护牲畜的另一种方式。[19] 但秃鹫面临的威胁不止这些，还包括被未绝缘的电线电死。

在塔夫茨大学卡明斯兽医学院工作的莫林·默里（Maureen Murray）证明了抗凝剂灭鼠剂和在灭虫害公司中很受欢迎的溴二苯醚的负面影响。近年来，默里一直在红尾鹰和猫头鹰等物种身上寻找多种灭鼠剂。[20] 这些抗凝血剂似乎在鸟类的肝脏中一直存在并累积着。

旧金山野生鹦鹉的死亡和长期神经系统疾病与类似毒药有关，其中包括著名的、受人喜爱的电报山野生鹦鹉（通过马克·比特纳 Mark Bittner 的书和一部关于它们的 PBS 的影片而出名）。许多生病的鹦鹉已被送往当地的护理组织，包括"为鸟而为"（For The Birds）和"米卡布"（Mickaboo）。在最近一项对这些鸟类粪便样本的研究中，发现所有这些鸟类都含有溴甲烷。最令人不安的是，毒物的来源不明，而且很可能已影响到了其他鸟类和野生动物。[21]

在世界各地的一些大都市地区，抗凝血灭鼠剂的滥用已成为一个严重的问题。它与南加州的美洲狮中毒以及南非开普敦的野猁等其他野生动物中毒事件都有牵连。[22]当这些毒物进入食物链时，毫无疑问鸟类会遭受到痛苦。对于土耳其秃鹫和其他以猎物尸体为食的鸟类来说，铅中毒仍然是一个严重的问题。根据美国鸟类保护协会最近的一项研究，铅污染一直是加州秃鹫面临的一个主要问题，超过 2/3 的秃鹫死亡是由铅造成的。[23]为了减少秃鹫铅中毒，加州积极行动。2019 年 7 月，加州颁布了禁止在狩猎中使用铅弹药的禁令。

事实上，全球大多数秃鹫物种都处于相当可怕的境地。最近，我在接受保加利亚非政府组织"绿色巴尔干组织"工作人员的电话采访时有了这种感觉。绿色巴尔干组织是一个带头努力保护和重新引入欧洲地区秃鹫的组织。这个组织已经在这方面努力了 30 年，取得了一些相当大的成功。尽管这个情况比较乐观，但依旧要非常谨慎。

"绿色巴尔干组织"成立的背后故事本身就是一个令人印象深刻的关于鸟类的故事。这个非政府组织成立于 1988 年，当时保加利亚尚未走向民主。在当时的专制政府作出大规模使用灭鼠剂的重大决定后，爆发了一场学生起义，导致了大约 100 万只鸟的死亡。尽管坐牢甚至死亡的风险很大，但抗议活动仍然举行了。

三十年后，这个组织正在努力重建秃鹫的种类。在欧洲生存的秃鹫有四种：格里芬秃鹫（Griffon Vultures），欧洲黑秃鹫（European Black Vultures），埃及秃鹫（Egyptian Vultures）和胡子秃鹫（Bearded Vultures）。每一个种类的生存地位都受到了威胁，这是国际自然保护联盟（IUCN）指定的最濒危物种。

我的保加利亚同事解释说，现在最大的威胁是非法投毒，农民们用有毒诱饵，来控制像狼这样的食肉动物，因为他们认为狼会给羊群带来危险。"绿色巴尔干组织"制定了一些有创意的计划，来应对这一威胁和其他威胁。其中一项努力是让农民考虑其他破坏性较小的方法来控制或赶走捕食者。特别是，该组织一直在培育牧羊犬，并把它们赠送给农民作为替代。这种方法已经在西班牙成功地用于减少狼与牲畜之间的冲突。

农业粮食生产的变化，意味着秃鹫可获得的猎物尸体逐渐减少。秃鹫在巴尔干半岛面临的另一大威胁，来自公共电力公司的电线杆的电击。为了解决这个问题，该组织一直在与电力公司合作，开发和安装更好的绝缘电线杆和线路。"绿色巴尔干组织"的工作特点是重点强调与农民和公共电力公司等这些关键利益相关者的合作。

日常爱鸟，观赏美鸦

鸟类的智力超乎想象。

鸟类也在各种喜剧表演中出现。尤其是在过去的十年里，人们对鸦科鸟类，如乌鸦（Crows）、渡鸦（Ravens）和松鸦（Jays）的社会生活和智力有了很多了解，为该领域的任何交流或互动，都增添了巨大的好奇心和魅力。

这些工作大部分要归功于华盛顿大学鸟类学家约翰·马兹卢夫（John Marzluff）的创造性实验。在他职业生涯的大部分时间里，马兹卢夫一直在研究美国乌鸦和其他鸦类，并发现了一些关于它们的令人惊讶的事情。在对美国乌鸦的一系列研究中，他发现这些鸟类有一种非凡的能力，它们能记住特定的人类面孔，并携带甚至传递与特定人类危险互动的记忆。

几年前，我拜访了马兹卢夫并和他讨论这些工作，目睹了他的一些工具，包括用来探索美国乌鸦是否识别和记忆真实人脸的各种人形面具。有捕捉和捆绑乌鸦的人戴的穴居人面具，也有副总统迪克·切尼（Dick Cheney）的面具作为对照。

　　即使在诱捕事件发生数年后，这些乌鸦还能认出"危险"的面具和人。马兹卢夫告诉我，最近他戴着穴居人面具在校园里散步，几乎立刻就被乌鸦们"训斥"了一顿。与之形成鲜明对比的是，在这个繁忙的校园里，其他许多人都没有被乌鸦们注意到。马兹卢夫告诉我，这是值得注意的现象，他相信乌鸦之间肯定存在关于这些危险的社会传播和社会学习。因为诱捕是在八年前发生的，而且许多"骂人"的乌鸦当时甚至没有孵化出来。鸦科动物能够记住和识别危险人类的特定面孔，并将这一信息传递给后代，这表明这个物种具有高度的智慧，并能够适应人类世界。

　　马兹卢夫在他职业生涯的大部分时间里都在研究美国乌鸦以及更广泛的鸦科动物的非凡行为，并收集了许多这些高智商鸟类做的意想不到的事情。马兹卢夫和托尼·安吉尔（Tony Angell）合著的令人阅读愉快的书《乌鸦的礼物》，是讲述这些故事的最佳读物。在这本书中，我们不仅听说了有关面具和人类识别的创造性能力，而且还了解了这些鸟类的惊人本领：它们拥有巧妙地解决问题、使用工具、预测未来需求和执行行动计划的能力；它们有能力并倾向于把礼物送给喂养过或以某种方式帮助过这些鸟的人类。

　　最戏剧性的乌鸦送礼的例子可以在加比·曼恩（Gabi Mann）的故事中看到。加比·曼恩住在西雅图，当时 8 岁的她开始关注并喂养出现在她家门外的乌鸦。作为回报，她将从它们那里得到一大堆现在已经是收藏品的纽扣、小金属片、回形针、闪闪发光的鹅卵石作为礼物！[28] 她在 2015 年接受 BBC 采访时表示，这是因为乌鸦们爱她。[29] 毫无疑问，她和乌鸦们已经能够沟通并建立一种特殊的纽带。

　　众所周知，鸦科动物喜欢玩耍，世界各地的许多热门视频都证明了这一点。在"油管"（YouTube，美国的视频分享网站）上，鸦科动物的滑稽动作和令人惊讶的行为占据热门搜索。其中包括一段俄罗斯乌鸦用塑料盖子反复从一栋公寓楼的白雪皑皑的屋顶上滑下来的视频，显然是在模仿类似人类的游戏。她一次又一次地这样做，显然很享受。有一种日本乌鸦会把坚果放在街上，这样路过的汽车就可以砸开坚果壳，显然理解了红色和绿色交通信号灯。有一段视频是一只乌鸦从山上滚下来，一路滚来滚去。马兹卢夫讲了一只喜鹊会按门铃，提醒房主准备一些食物。

　　甚至还有乌鸦送葬的现象，当一群乌鸦中有一名成员死去时，它们会聚集在一起缅怀逝者。"乌鸦和渡鸦经常聚集在同类的尸体周围，"马兹卢夫和安吉尔（Angell）写道他们这样做的原因还不完全清楚，但可能是因为他们像人类一样需要悲伤。也可能是这种死亡提供了一种学习经验。马兹

图 7-3　美国乌鸦在新墨西哥州圣达菲附近的野餐桌旁聚集和社交
（图片来源：蒂莫西·比特利）

卢夫最近与博士生凯莉·斯威夫特（Kaeli Swift）合作，试图了解乌鸦在看到死亡乌鸦时的反应，它们是否以及以何种方式从这种接触中学习，以及它们是否能够记住与这种危险有关的人类。

研究人员现在在鸦科动物身上发现了一种与人类非常相似的品质，即提前计划的能力。在一系列巧妙的实验中，瑞典隆德大学（Lund University）的研究人员能够证明，乌鸦会推迟短期奖励，使用工具或代币以换取更重要的待遇，这是我所描述的"超越当前时刻的计划。"[31]

我们对与人类共同生活的鸟类了解得越多，它们就会变得越有趣，我们也就越有可能关心它们身上发生的事情。例如，一项新的研究表明了普通土耳其秃鹫胃中含有令人着迷的细菌成分，梭状芽孢杆菌和梭状杆菌。这两种都对人类有毒，但能够使它们消化腐肉[32]，或者红冠黑啄木鸟（Pileated Woodpeckers）的觅食习惯会为其他物种创造树洞栖息地。[33]

鸟儿让人着迷，给人惊喜；在任何时候，它们都会做一些让人喜爱和印象深刻的事情。

秃鹫乌鸦，城里生活

我们很幸运，在美洲可以观赏到一群健康的秃鹫。与欧洲和亚洲秃鹫面临的威胁相比，它们所受的威胁并不算大，因为欧洲和亚洲的大多数秃鹫数量都经历了急剧下降。造成这一现象的原因有很多，但值得注意的是，从 20 世纪 90 年代开始，亚洲广泛使用兽医止痛药和消炎药双氯萘乙酸，如前所述，这对秃鹫来说是致命的。现在禁止使用这些药物使印度的秃鹫数量开始稳定下来，但那里的大多数秃鹫种类，如白腰秃鹫和细嘴秃鹫，仍然处于极度濒危状态。尽管有官方禁令，使用双氯芬酸在欧洲仍然是合法的。此外，这些雄伟的鸟类还面临着故意被下毒的尸体食物和其他未知的危险。

所有秃鹫，包括我们每天在弗吉尼亚州看到的土耳其秃鹫和黑秃鹫，持续遭受人类糟糕的敌视，误认为它们是丑陋可怕的，或者与死亡有着密切的联系。它们的巨大价值和公共健康效益没有得到重视，它们的美丽和飞行能力甚至很少被讨论被提及。它们飞得很高，翅膀或羽毛可以一动不动，就像在空中晒太阳，大多不为人所注意，或被误认为是鹰或其他猛禽。我们不仅要注意到它们，而且要歌颂它们，至少偶尔要像凯蒂·法伦（Katie Fallon）那样，为我们生活中这一点飞翔的魔法，表达我们的喜爱。

我们也很幸运，每天都能看到、听到和体验美国乌鸦和其他鸦类大胆的滑稽动作。这些聪明的鸟类地位正在上升，这在很大程度上是因为智能手机视频拥有捕捉到它们的滑稽和聪明的功能。是时候让这些神奇的鸟类的声誉得到重大恢复了。如果能够积极欢迎各种本土鸟类来到我们的后院和城市，我们肯定会收获很多。

第八章
安全过境：旧金山市，示范引领，为鸟平安，设计建筑

昔者，吾辈妇人是为鸟也，其知虽简易，而旦歌于昏首者，以乐治世也。鸟犹记，然吾已忘，世之为庆者而生也。

——泰莉·坦贝斯特·威廉斯
（Terry Tempest Williams）

在这个由感知差异将我们划分的世界，鸟类便是我们的共通之处。尽管我们看起来被国家和地区边界所分隔，但鸟类通过它们每年的迁徙使我们的世界交织在一起。

候鸟飞行的路线主要有 8 条，地球上几乎没有鸟类接触不到的地方。有些鸟类一年的迁徙路线覆盖了世界上的大部分地区，比如从一极迁徙到另一极的北极燕鸥。根据保加利亚鸟类保护协会的研究，像埃及秃鹫这样的物种在巴尔干半岛度过夏天，然后飞行 4000 公里（约 2500 英里），到达包括乍得、埃塞俄比亚和苏丹在内的一些非洲国家。[2]生活在世界上不同地区的人们是否能够意识到这些非同寻常的鸟是我们所共有的呢？也许并没有，尽管联合保护工作现在正在进行中。我看到了将鸟类视作集体亲属的巨大潜力，它们在一年的不同时间段内与不同的人们共同生活，随后又迁徙并且安全返回。这些候鸟可以把不同的国家和文化联系在一起，形成一个大家庭。

鸟类也有助于将城市和大都市区联系起来。城市与郊区、城市腹地和城市边缘的物种相似性极为明显；对鸟类的关爱和欣赏能够超越这些空间和政治界限。此外，随着数以百万计的鸟类涌入城市的空间和航线，特别是在鸟类迁徙的高峰时期，它们也帮助我们以一种全新的方式来感知我们所居住的城市。当我们抬头看到一只鸟栖息在树上，或者一只土耳其秃鹫在几千英尺的高空翱翔，这表明鸟帮助我们看到了，至少在精神上我们似乎占据了城市的三维空间。

想象一只鸟是如何看待城市的，可以激发出许多让鸟类在城市地区生活得更安全的创新举措。这种为了保护和造福鸟类的改变是可行的。宏观上来说，比如通过一项保护鸟类安全的建筑条例是很重要的。但从小事上来说，比如为自己的住所或者办公室安装防鸟窗也是重要可行的。

建筑与光，暗藏杀机

撞击在窗户和建筑物上是鸟类面临的主要危险。这是当我们目睹时感到最悲伤和最令人心碎的事情之一。在建筑物底下发现一只死鸟几乎同样令人悲伤，这显然是设计上的缺陷和人们道德上对鸟类遭遇的极端不公平结果的漠视。

在第二章中拍摄到的金冠鹟鹩（Kinglet）并不是我从一座建筑玻璃立面底部找到的唯一一只鸟，但它是令人震惊和最悲伤的发现之一。毫无疑问，这是最感人的发现之一，它发自内心地展示了建筑，尤其是透明玻璃幕墙所带来的危险。

丹尼尔·克莱姆（Daniel Klem）研究鸟类碰撞建筑已超 40 年，他是世界上被引用最多的关于玻璃如何以及为什么对鸟类如此危险的权威学者之一。克莱姆在宾夕法尼亚州的穆伦伯格（Muhlenberg）学院办公室附近进行了实地实验。他的发现首次对每年因建筑物撞击而死亡的鸟类数量作出了可信的估计。他的研究从粗略估计每座建筑的鸟类死亡数量开始，得出令人震惊的结果：仅在美国，每年就可能有多达 10 亿只鸟类死亡。斯科特·洛斯和他的同事通过更复杂的模型得出了类似结果，每年死亡的鸟有 3.65 亿至 9.88 亿只"窗户欺骗了鸟类的感知系统"克莱姆在 2015 年写道，就像人类也看不见玻璃一样（这是人鸟之间的另一个共同点）。他怀疑这些估计是保守的，在全球范围内，每年有数以十亿计的鸟类死亡。

作为早期解决鸟类制造碰撞问题的倡导者，克莱姆仍然对不够重视这种威胁而感到震惊。在最近一次采访中，他向我指出，即使按照他最初估计的 1 亿只死亡的下限，"每年也有 333 倍于埃克森·瓦尔迪兹（Exxon Valdez）油轮漏油事故造成的伤亡。"克莱姆想知道，为什么我们对鸟类撞击玻璃如此自满？媒体倾向于关注像石油泄漏这样的事件，却忽略了这个更大、更系统性的威胁。"有数十亿只鸟因窗户而死，但没人谈论窗户。"

对克莱姆来说，这既是一个动物保护问题，也是一个动物福利问题。"他们是脆弱的受害者，"他告诉我。"他们是没有发言权的无辜者，没有人希望这种事情发生，但这种事情正在大量上演着。"他的观点是，窗户既带走了鸟群中最健康的鸟，也带走了那些不健康的鸟。

克莱姆的研究在确定哪种窗户和防撞装置能减少鸟撞做了很多工作，渐渐地，公司开始提供新产品。他告诉我，"人类和鸟类都更容易看到的窗户样式应用于建筑设计，已经变得更容易被接受了。"这包括将图案烘制到玻璃中的陶瓷压花玻璃，最理想的是在如建筑师们所称的第一表面这个外层烘制图案。但也有包括外部网，甚至降落伞绳（挂在建筑立面上的带子）等其他选择，所有这些都将帮助鸟类将玻璃视为一个坚硬的立面。

克莱姆认为，也许最完美的解决方案是使用带有内置紫外线（UV）图案的玻璃，但他对像备受吹捧的 Ornilux 防鸟玻璃等领先产品的测试都不是很满意。当前仍然需要做更多的工作和更好的产品。特别是需要有效改造现有建筑的玻璃产品。关于哪种产品最有效，甚至测试这些产品的方法，克莱姆一直对美国鸟类保护协会（American Bird Conservancy）使用的隧道试验持批评态度，他们之间甚至出现了一场良性而友好的辩论。

就在几十年前，很少有美国人知道玻璃对鸟类的危害。迈克尔·米苏尔（Michael Mesure）为此做了很多工作来敲响这些危险的警钟。他是 FLAP 的创始人，FLAP 成立于 1993 年，总部设在安大略省多伦多。在提高人们对建筑物如何伤害鸟类的认识方面，很少有组织做得如此之多。

米苏尔给我讲了在 25 年前他是如何开始从事这项开创性工作的。[8]作为一名艺术家和画廊老板，他一直对鸟类着迷。20 世纪 80 年代末，有人告诉他，有个老师在多伦多市中心的建筑底部收集受伤的鸟。这对他来说是一种全新的认知：他从未听说过候鸟会被多伦多市中心建筑的灯光所吸引

132

并迷失方向。不久，他和一个朋友亲自到城里去调查，发现了许多这样的鸟。于是为了提高人们对这些危险的认识，他开始了这项毕生的事业。

人们意识到夜间灯光会让鸟类迷失方向，因此在许多城市开展了熄灯运动（护鸟行动）。米苏尔告诉我，他的非营利组织很快开始意识到，白天的鸟撞问题比夜间更严重。"我们发现，当我们天亮后在建筑附近逗留时，经历了一波完全不同的碰撞。在很多情况下，我们白天发现的鸟类数量是在夜间发现的两倍。"

玻璃是罪魁祸首：鸟类无法意识到玻璃是一种障碍，因为它经常反射外面的树木、植被和云，但愚弄鸟类飞到玻璃上，却通常是致命的。米苏尔给我讲了一个感人的故事，一只普通黄喉地莺撞到一栋建筑死在了他的手里。"每次我想到它，"他说，"它都是让我坚持到今天的动力之一。"那只垂死的鸟似乎在告诉他什么。其他志愿者也有类似的痛苦经历，就像我自己发现金冠鹪鹩一样。

为了提高人们关于建筑对鸟类的全面影响的认识，米苏尔和 FLAP 志愿者们每年都要举办一场盛大的活动——他们通常在皇家安大略博物馆把过去一年收集的死鸟拿来展示。他们在 20 世纪 90 年代末开始对鸟类进行这种视觉布局，并于 2002 年在《国家地理》杂志上发表布局图，获得了国际上的关注和认可。

这是一种苦乐参半的方式，但在视觉上有效地传达了鸟撞问题的严重性。撞击建筑物而死的鸟类确切数量尚不清楚，但据估计，北美的这一死亡数字接近 10 亿，仅次于被猫捕食而死亡的数量（如第三章所述）。

对于一些像雨燕这样的鸟类来说，建筑设计和改造已经夺走了它们在城市中重要的筑巢和栖息空间。具体来说，许多城市里的老旧建筑正在被取代，开放式烟囱的房屋也被盖上烟囱，它们逐渐夺走了这些重要的城市栖息地。但无论是通过新建雨燕塔楼，还是通过将雨燕盒子整合到住宅和建筑外部，都成为取代这些空间的一种重要回应。

同时，如游隼这样的鸟类可以很好地适应城市环境。新泽西州游隼研究和管理项目 2018 年的年度报告指出，在新泽西州筑巢的游隼对数增加了，现在达到 40 对。其中一半巢穴嵌套在高层塔楼上，超过 1/4 嵌套在桥梁上。[7]这是一个值得注意的鸟类物种回归的故事，这得益于 DDT 的禁止，以及城市环境中的空间模仿了它们喜欢的自然悬崖栖息地。然而，随着越来越多的鸟类在城市栖息和筑巢，我们必须关心和管理比如作为栖息地的桥梁等城市基础设施，它们的设计要素显然要考虑到鸟类。

旧金山市：鸟类安全，全美第一

旧金山是美国第一个强制实施鸟类安全要求的城市。在这个以争议和高度政治参与著称的社区（有人称之为"超级民主"），通过社区抗议，对鸟类安全的需求变得突出起来。有两栋建筑尤其引起公众的愤怒，并引起了人们对建筑影响鸟类的担忧，当时甚至还没有鸟类友好条例。第一个是探索博物馆，这是一个实践性的教育博物馆，位于 15 号码头。这是对位于旧金山湾边缘现有建筑的重大改造和扩建，这是一个最引人注目的基地环境，但也是到处都是鸟类的地方。

这些担忧在项目审查期间出现，拥有审批权限的港口委员会，最终要求建造者安装鸟类友好型的印花玻璃。正如《旧金山纪事报》（San Francisco Chronicle）在 2013 年 4 月大楼开业时的一篇报道所指出的那样，它位于海湾的位置和水景非常引人注目，外部窗户让"每个画廊都能看到城市和海湾的巨大景色"。[8]对于探索博物馆这样的设施来说，与海湾的视觉连接显得尤为重要，探索博物馆的使命是将游客和居民与周围的自然和生态系统连接起来。这些节能窗户也是建筑更大目标的一部分，即实现净零能耗，产生其所需的能量（这一策略包括屋顶太阳能电池板的峰值产量约 1.5 兆瓦，以及利用海湾海水的独特冷暖空调系统）。探索博物馆是鸟类友好型设计的一个好的开始，它展示了开阔的水景与鸟类安全可以结合起来，对可持续发展和鸟类友好型设计的关注可以携手并进。

奇怪的是，第二个令人担忧的建筑是备受推崇的加州科学院（CAS）的新设计。这座建筑有许多绿色特征和一个引人注目的绿色屋顶，但它也承受了广泛的反射危害。而且已经有相当多的证据表明这座建筑正在杀死鸟类。

该市《鸟类安全建筑标准》^①得到了公众的大力支持，其中大部分是由金门奥杜邦协会（Golden Gate Audubon Society）召集的。金门县高级规划师安玛丽·罗杰斯（AnMarie Rodgers）带头起草了这个法规。她告诉我，该市收到了大约 2000 封支持信，这是对一项拟议法令表示支持的最大规模之一。

罗杰斯将其描述为"减少伤害"准则：它寻求减少对鸟类的伤害或威胁，但并不能消除这种威胁；它仍不完美，不像它应该的那样严格。但她认为，有胜于无。

这座城市几乎没有可以效仿的例子，并且确实向美国鸟类保护协会（American Bird Conservancy）的专家寻求了帮助。最后，《鸟类安全建筑标准》主要从两个方面提出了要求：一是要求针对在所谓的城市鸟类保护区 300 英尺内的建筑，比如靠近公园和其他鸟类栖息地的开发项目；二是要求如天桥、温室和阳台等特定的潜在危险建筑要设计成亲鸟型建筑。

对于第一个方面的要求，该规范的一个关键元素是对城市鸟类保护区的定义：基本上任何公园、绿地或开放水域，甚至是绿屋顶，大小在两英亩或更大，被认为代表鸟类可能存在的地区。对于新建筑，90% 窗户必须是鸟类友好型的（例如，通过压花或其他处理），从 60 英尺（18.3 米）的高度，也就是标准所述的"鸟类碰撞区"。该规范以下方式，定义了对鸟类友好的玻璃或立面处理方式：

玻璃处理标准：鸟类安全玻璃处理可包括压花、设网、印花、磨砂、屏障、外置栅格或紫外波段鸟类可见的图案。为了符合鸟类玻璃的处理标准，图案垂直部分，应该至少有 1/4 英寸（6.35 毫米）宽，最大间距 4 英寸（101.6 毫米），或者水平部分至少有 1/8 英寸（3.175 毫米）宽，最大间距为 2 英寸。[10]

众所周知，旧金山正处于修建热潮之中，跨湾中心（Transbay Center）和赛富时塔（Salesforce Tower）等著名的新项目层出不穷。在这个城市，鸟类安全设计标准正在实施并发挥了很大的作用。尽管成本问题很早就被提了出来，但市政府聘请了一位顾问来估算达到鸟类友好的要求可能会给新建筑成本增加多少额外成本。答案是：不到 0.5%。早期也有来自美国建筑师协会的当地代表提出反对意见，他们认为这些标准可能会限制城市新建筑的设计选择和美观程度。

如前所述，加州科学院先于鸟类友好标准的推行，提高了对鸟类威胁的认识。是一个代表性的作品，该建筑进行了改造，减少对鸟类的影响，进行长期监测。即使在建造期间，也有鸟类撞击致死事故发生，这座建筑的早期，对鸟类来说是一个危险的建筑。这是建筑背后的美学目标和设计概念的所造成的结果：它旨在为游客创造一种置身于公园中央的体验（实际上它是在金门公园的中央），因此被玻璃幕墙环绕。

莫·弗兰纳里（Moe Flannery）是加州科学院鸟类学和哺乳动物学的高级收藏经理。[11] 她向我解释了她部门的工作人员如何自己处理鸟类问题，并开始培训建筑人员如何收集死鸟。在一名高中实习生的帮助下，弗兰纳里和她的同事们开始收集加州科学院玻璃墙有危害的相关证据，并最终在《公共科学图书馆·综合》杂志上发表了一篇论文来阐述这些发现。[12]

这个部门能够说服运营高层采取行动。最初他们安装了一系列外帘，在鸟类迁徙期间时覆盖东西展区；后来，上面两层的窗帘一直被拉下来。正如弗兰纳里所说，尽管还没有完全解决问题，但他们已经大大减少了危险。这些措施产生了巨大的影响，显著减少了鸟类死亡的数量："当鸟类安全建筑标准出台时，我们能够说服（高层领导）解决建筑中使鸟类致命的缺陷。"积累的数据和旧金山法令提供的保护似乎是关键。考虑到该建筑对绿色认证的重视，以及达到美国绿色建筑委员会认证体系（LEED）的白金级别的重要性，他们采取的改造措施也是有意义的。

加州科学院监测建筑物和收集死鸟的协议仍然有效。正如弗兰纳里告诉我的那样，博物馆的管理员、宾客服务人员和保安人员都知道每天要做什么和寻找什么。有很多双眼睛和耳朵都在警惕鸟撞。死鸟成为博物馆收藏的一部分。拥有一个训练有素的鸟类学家意味着可以收集到比通常情况下更详细的关于鸟类的信息。同时他们了解到，撞击建筑物的鸟往往是学习如何在城市中导航的年幼小鸟。

米拉大厦是旧金山市中心在建的最具视觉特色的建筑之一，它由芝加哥建筑师兼麦克阿瑟会员珍妮·甘（Jeanne Gang）设计。该建筑的设计把绿色屋顶，污水回收系统和得到 LEED 金级认证的种种高标准能源与周围的环境和独特的美学形式相结合。旧金山的"经典飘窗"是一个突出的设计元素，但这座建筑的窗户以一种独特的方式组装和渲染，它们从建筑表面伸出，指向多个方向。它独特的外形提供了"从各个角度观看城市的平台……这些间隔使每个住宅成为角落里的一个单元，"甘的工作室（Studio Gang）表示。⒀

建成后的米拉大厦将是一个令人惊叹的建筑，它独特的外观和鸟类友好型的设计将与芝加哥水塔媲美。几年前，我花了大半天时间参观水塔，从各个角度和方向拍摄它。水塔的首要设计理念是鸟类友好型，这反映了设计师甘对鸟类的承诺。这座建筑很有说服力地表明了鸟类友好型建筑不是枯燥乏味的，也不需要在任何设计声明上妥协。米拉大厦也将会像水塔一样在设计界引起巨大轰动。

据高级规划师罗杰斯说，到目前为止，旧金山的法规已经适用于这座城市的数千栋建筑。另一位参与实施该法规的规划师安德鲁·佩里（Andrew Perry）解释了旧金山为何倾向于更永久性的立面解决方案。某种形式的立面网可能和压花玻璃一样有效，但要确保它持续性发挥作用，将增加城市检查工作的负担。

鸟类友好型设计引起争议的一个地方是为运动队建造新体育场。明尼阿波利斯（Minneapolis）和密尔沃基（Milwaukee）在经验上有一些重要的对比。

观鸟和职业足球是两个很少有交集的话题。然而观鸟者对明尼苏达维京人球队的新球场设计感到不满。他们争论的焦点是球场设计中有大量的透明玻璃。对明尼阿波利斯来说，它是为明尼苏达州职业足球队维京人队建造的一个拥有 20 万平方英尺玻璃的大型新设施。但最终，成本和美观似乎注定了鸟类友好型玻璃不会被采用。正如明尼阿波利斯奥杜邦分会的吉姆·夏普斯汀（Jim Sharpsteen）所指出的那样，"他们说他们想要拥有透明玻璃的审美价值，这将给球迷带来坐在户外体育场的感觉。"[14] 尽管早期有考虑到鸟类的迹象令人鼓舞，但最终让人失望的是，他们设计这个大型建筑时没有作出任何努力来达到鸟类友好型。尽管有声明称，各组织将在以后探索翻新一些玻璃表面。

最好的解决方案，是从一开始就采用鸟类友好型的压花玻璃。负责建造和运营体育场的明尼苏达体育设施管理局（Minnesota Sports Facility Authority）似乎对这笔额外成本犹豫不决：据估计，它将在场馆成本上增加 100 万美元，这是一个不小的数字，尽管这只是该项目高达 10 亿美元总成本中的一小部分！虽然支持者声称大部分的费用将从节能中收回，但这仍然是一个主要的症结所在。以明尼阿波利斯奥杜邦为首的抗议和请愿活动，提供了一个有趣的视角，说

图 8-1　由珍妮·甘设计的具有独特视觉感受的芝加哥水塔，主要以鸟类安全为设计核心
（图片来源：蒂莫西·比特利）

明鸟类对城市居民有多重要（或不重要）。我们正处于一个过渡时期，人们越来越意识到鸟类对城市生活的价值，以及城市设计能否促进它们繁荣。

密尔沃基则出现了截然不同的"双城传奇"时刻。这座城市的新篮球场——费瑟夫论坛的设计确实考虑到了鸟类的安全，采用了对鸟类友好的多孔玻璃；它现在自豪地宣称是"世界上第一个鸟类友好型篮球场"。[15] 这主要是鸟城威斯康星州的鸟类保护倡导者布莱恩·伦茨（Bryan Lenz）坚持不懈努力的结果。他花了三年时间积极接触并"推动"密尔沃基雄鹿队以及大楼的设计师加入鸟类友好型设施。该设计团队的一名成员说，额外的成本"无关紧要"，但在听取伦茨的意见之前，建筑公司"不知道玻璃的战略处理是否会减少鸟类的撞击。"[16] 有点令人担忧的是，这表明建筑和设计界有相当一部分人需要接受鸟类安全方面的教育，也表明我们在建筑学校里需要教什么。

芝城纽约，不甘落后，紧紧相随

美国的其他城市，尤其是芝加哥和纽约，已经开始采用他们自己的鸟类安全设计条例。在芝加哥，苹果商店（Apple Store）的开业引发了许多人抗议，因为它是一个用厚玻璃做成的立方体设计，这对鸟类构成了危险。康奈尔鸟类学实验室最近的一项研究显示，芝加哥的灯光在中央航道的关键位置，因此对候鸟来说它是美国最危险的城市。这也为法令的制定提供了更多动力。[17]

芝加哥苹果商店由著名建筑公司福斯特建筑事务所（Foster and Partners）设计，它在 2017 年开业时受到了广泛的宣传和赞誉。这表明了我们当前的设计重点存在一些问题。《芝加哥论坛报》的建筑评论家将这座建筑描述为

"迷人而透明，优雅而低调"，但他没有明显地关注或提及鸟类。[18]这座建筑坐落在芝加哥河上，它"巨大的落地玻璃"设计很快就被认为是鸟类的死亡陷阱。福斯特建筑事务所的首席设计师说，他们考虑过鸟类的问题（考虑了多少？），但最终"得出的结论是，这不是问题"。[19]苹果公司已经同意在鸟类迁徙的高峰期调暗灯光。的确，玻璃的诱惑似乎太大了，而考虑鸟类安全太微不足道了。

苹果大楼会对鸟类造成危害，而从各种关于人们撞到玻璃墙的报道中可以看出这座建筑显然对人类也会产生危害。这些关于苹果大楼的宣传，提高了当地鸟类安全设计标准的重要性。但同样重要的是，康奈尔实验室发布的城市对候鸟威胁的研究，将芝加哥列为秋季和春季候鸟迁徙的首选。芝加哥奥杜邦协会主席朱迪·波洛克（Judy Pollock）表示，这有助于教育人们，并使人们对标准产生一种紧迫感。波洛克是当地争取颁布法令的联盟成员。正如她在最近的一次采访中告诉我的，康奈尔大学研究的时机是偶然的，但与该市一个碰撞监测小组的工作相结合是有帮助的。[20]她说，政治环境一直是有利的，未来几个月很可能会有人通过这项法令。最大的问题是政治人物的变化：最近的一次选举使支持市议员的人数从 5 人减少到 2 人，并增加了对新官员进行鸟类安全教育的负担。

芝加哥提议的鸟类友好设计规范，将要求新建筑高至 36 英尺（10.97 米）内的 95% 表面，采用鸟类友好外墙。波洛克解释说，虽然这项法令得到了坚定的支持，但随着时间推移，人们认为有必要逐步实施，首先是在城市里对鸟类影响最大的地区，即滨水区建筑中应用该项规范。而这些要求也不适用于现有建筑或重大翻修。

芝加哥法令还将要求建筑物在晚上 11 点到日出之间关闭不必要的照明。这与芝加哥在控制城市灯光方面的早期领先地位是一致的，特别是它的"熄灭芝加哥"计划。波洛克解释说，这些缓解建筑物灯光负面影响的努力实际上可以追溯到 20 世纪 70 年代，包括早期的标志性高层建筑西尔斯大厦和约翰·汉考克大厦。20世纪90年代，在时任市长理查德·戴利（Richard Daley）的领导下，一项非常有效的熄灯行动出现了。旧金山和纽约等其他城市也有熄灯项目，但芝加哥的不同寻常之处在于它的自愿遵守程度很高。波洛克认为，这在一定程度上是因为该市建筑业主和经理协会（Building Owners and Maners Association）已经把这个问题放在了心上，他们合格地扮演着自上而下的引领者角色。

波洛克告诉我，她认为芝加哥出现的成本问题不是主要障碍。任何组织都很难站出来支持可能会提高建设成本的事情，但另一方面，她告诉我，"他们并没有坚决地反对这项法令。""没有人真的拿着干草叉，"她告诉我，拯救鸟类是很难反对的。建筑业主和管理协会以及建筑设计公司都清楚地明白，这样做是正确的。

波洛克在最近的一封电子邮件中告诉我，芝加哥近期取得了一些进展。2020年3月，市议会通过了一项条例，将鸟类保护置于城市可持续发展政策的优先地位。[21]她说："这为法令的颁布迈出了积极的一步。"城市的可持续发展政策（The City's Sustainable Development Policy）是一项有趣的机制，可能在短期内证明对鸟类安全有用。这是一种积分系统，要求所有新开发都要达到一定最低点数，灵活包含一些设计元素。如采用对鸟类安全的玻璃，是获得其中一些积分的必要选择。

尽管芝加哥有点停滞不前，但2019年12月传来了一个好消息，纽约市议会已经通过了1482B法案，该法案要求建筑必须安装鸟类安全的外墙。这是对该市建筑法规的一项修正案，新建筑和重大翻修建筑的外墙必须使用鸟类友好型玻璃，最高不得超过地面75英尺，也不得高于绿色屋顶12英尺以上。鸟类友好型材料也必须用于玻璃遮阳棚、扶手、隔声屏障等"防鸟设施"和"飞越条件"（例如，平行玻璃板"制造通向另一边的空隙的错觉"）。新的建筑法案2020年底才会生效。尽管有一些来自建筑行业的阻力，他们显然是对鸟类友好玻璃的可用性感到担忧，但议会以惊人的 43 比 3 的投票结果通过了修正案。

纽约的雅各布·K. 贾维茨会议中心（Jacob K. Javits Convention Center）进行的改造很有帮助，它清楚地证明了鸟类友好型窗户的有效性。纽约市奥杜邦协会的一项研究表明，有花纹的玻璃使鸟类死亡率降低了 90%，同时也使得建筑物能耗降低了 26%。这个耗资 5 亿美元的翻新项目不仅更换了致命的透明玻璃，还布设了近 7 英亩（2.83 公顷）的绿色屋顶（这里曾是鸟类的栖息地和筑巢地）。

投票后的许多评论似乎都恰如其分地强调了纽约市这项行动的伦理意义。野生鸟类基金会的创始人兼主任丽塔·麦克马洪说："委员会今天所做的将会拯救成千上万的生命，希望其他城市、建筑商和建筑师会跟随纽约市的步伐。"[24] 事实上，纽约市迈出这一步是非常重要的，它预示着其他城市可能会关注和效仿这一行为。

值得一提的是，纽约市在更广泛的可持续性发展方面也一直处于领先地位，并制定了一些非常雄心勃勃的碳减排目标。讨论中强调的事实是，对鸟类友好的设计实际上有助于实现这些目标，而不是与能源和气候变化目标背道而驰。美国鸟类保护协会的克里斯·谢泼德（Chris Sheppard）指出，压花玻璃更节能，将有助于减少城市建筑的能源消耗，"这样你就可以在建筑供暖上花更少的钱。"

不过，正如苏珊·埃尔宾（Susan Elbin）所说，贾维茨会议中心改造等项目表明了安装鸟类友好型玻璃是可行的，而且无须额外的成本。此外，这种玻璃和外墙处理更节能，实际上可能会降低业主的成本。

鸟类友好型的建筑外墙不仅能保护鸟类，还能作出大胆的建筑和美学表达。位于乔治亚州亚特兰大的新接口总部大楼就是一个很好的例子，这里的生态和健康特征非常突出。这里有充足的自然光线，还有健身房和协作式工作空间。实际上这个独特的设计是 20 世纪 60 年代一个四层建筑的重大翻版。但在视觉上最引人注目的是它的外墙。外墙是一张黑白照片，展示了环绕在建筑外部的山麓森林。

据负责客户参与的副总裁奇普·德格雷斯（Chip DeGrace）说，由图像生成的图案，使玻璃立面对鸟类可见，这是一个关键的考虑因素，但它也作为公司的天然广告牌，该公司生产可持续和可回收地毯。而用来判断这座建筑表现出的绿色指标，是用相当量的森林来衡量的——原始山前森林能吸收多少碳，生物多样性如何，水环境如何？独特的视觉外观拯救了鸟类的生命，也传达了公司的承诺和建筑的环保愿望。

多伦多也有类似的故事，FLAP 的迈克尔·米苏尔多年来一直表示，向鸟类友好型设计的转变意味着建筑更有视觉趣味。一个很好的例子是斯诺赫塔设计的瑞尔森大学的新瑞尔森学生中心。它的外观是由一系列复杂的地理形状和图案组成的，鸟类很难忽视。斯诺赫塔（Snøhetta）是这样描述它的外观的：

建筑立面由数字印花玻璃组成，它包裹着坚固的机电和清水混凝土结构。立面可变，控制进入建筑的热量，从室内勾勒出附近城市和建筑的景观，虽无传统窗框，亦有窗景。[26]

针对鸟类更友好的建筑改造，并不会太复杂昂贵，现在市场上有不少的选择和产品。我很喜欢一款由宾夕法尼亚州一家公司推出的，叫阿科皮安护鸟器（Acopian BirdSavers），这是一种相对简单的降落伞绳的悬挂系统。绳子每隔 4 英尺（1.22 米）多的间距，从建筑物的顶部垂下来。这种技术，自行安装即可，该公司有一个制作护鸟系统的在线指南。在大型建筑上的应用已经完成，包括改造芝加哥大学的一座大型科学大楼。绳子的颜色是深橄榄绿，任何更深的颜色都可以，底部没有固定，随风摆动。该公司的网站上说，这种窗帘有时被称为"禅宗风帘"，因为它们可以在风中移动。[27]

图 8-2 位于乔治亚州亚特兰大市翻新的总部大楼的一个关键设计元素是它独特的立面——既是美国东部森林的大图像，又是使建筑看起来像鸟一样安全的紧密结合的外观

（图片来源：蒂莫西·比特利）

图 8-3 位于安大略省多伦多的瑞尔森大学与众不同的学生中心，展示了建筑设计既能保护鸟类安全，又具有美学趣味

（图片来源：加拿大 FLAP）

城区灯光，危险四伏

　　随着城市人口中心的扩张以及随之而来的人工照明，夜空正在世界各地丧失。2018 年，J.K. 加勒特（J. K. Garrett）、P.F. 唐纳德（P. F. Donald）和 K.J. 加斯顿（K. J. Gaston）发布了一项研究，显示了被称为天光或光污染覆盖范围。这项研究专门研究了天光与地球上关键生物多样性地区（近 15000 个地点）的空间重叠，包括鸟类丰富的生物多样性热点地区研究发现，这些地点中只有不到 1/3 拥有"纯净的夜空……只有大约 1/5 的地区，夜间天空污染严重到极点。"换句话说，这些生物多样性高的地区中有 2/3 被发现受到了光污染，而且这个数字还在增加。在地球上的任何地方，暗天空都在减少，这对生物有严重的影响。

　　亚特兰大奥杜邦协会的妮基·贝尔蒙特告诉我，不仅仅是亚特兰大的庞大灯光，还有越来越大的、跨越州界的灯光景观："如果你看看灯光地图，你会发现，我们实际上与 85 号走廊上的夏洛特相连。"大多数鸟类在夜间迁徙，它们不会只遇到偶尔出现的城市或城镇的灯光，而是会遇到更广阔的灯光景观，包括像 85 号州际公路这样的高速公路以及随之而来的无序扩张和发展。

　　对于鸟类和蝙蝠等动物来说，这种光污染的危害非常大。城市的强光会使鸟类迷失方向，并让它们撞到玻璃幕墙。亚特兰大奥杜邦的保护总监亚当·贝图尔解释说，鸟类会被灯光迷惑和吸引。他告诉我，灯火通明的区域"把他们拉进了城市"。"它们可能会因此受到伤害，但更有可能发生的情况是，当它们被光线吸引而落在平常不会降落的地方时，它们会遇到反光玻璃。"[29] 被城市灯光迷惑的鸟类可能很快就会筋疲力尽，进而成为捕食者的对象或撞到致命的窗户上。正如纽约市奥杜邦的苏珊·埃尔宾所说的那样："光线引诱他们进来，而玻璃则毁灭他们。"[30]

康奈尔鸟类学实验室的研究人员最近通过结合鸟类迁徙水平的数据（使用从 1995 年到 2017 年的气象雷达）和夜间人造光的照度，计算出美国大陆 125 个大都市地区的相对风险水平。作者根据候鸟接触夜间灯光的程度，对城市进行了排名。他们总结说，夜间人造光在全球许多地区持续增加，对所有夜间活动的动物，尤其是候鸟，构成了日益严重的生态威胁。[31]

康奈尔大学的研究显示，在春季和秋季的迁徙中，有三个城市最终名列前茅：芝加哥、休斯敦和达拉斯。表 8-1 展示了春季和秋季候鸟途经的十大城市。

当然，光污染对其他动物，尤其是蝙蝠来说也是一个问题，对人类来说也是一个问题，既带来了健康问题，也干扰了城市居民观看和享受夜空的能力。

城市可以对人造夜间灯光做些什么？更严格的照明法规和黑暗天空条例是有用的。而且，尤其是在鸟类迁徙的高峰期，业主可以关灯，减少室内和室外的照明。许多城市已经制定并正在实施一些熄灯（护鸟行动）。芝加哥是最早这样做的城市之一，但今天，包括亚特兰大、纽约、多伦多和旧金山在内的许多其他城市也在这样做。

2001 年 9 月 11 日，纽约发生恐怖袭击。在"9·11"事件幸存者和受害者的致敬活动中，可以看到城市灯光对候鸟造成严重破坏的令人印象深刻的例子。"致敬之光"艺术装置始于 2002 年，两束蓝光向天空发射了约 6 公里，超过 3.75 英里。这两束光对候鸟的吸引几乎是立竿见影的。2017 年，康奈尔大学的一些研究人员又进行了一项研究，试图量化鸟类被灯光吸引后的运动和飞行叫声的影响，这是它们感到压力或迷失方向的迹象。研究者们发现，"在有光照的晴朗天空下，大量的鸟儿在装置上方盘旋"，一个晚上影响了 100 多万只鸟，持续了超过 7 年。[32] 此外，"光照的消失会导致鸟类夜间迁徙行为的迅速变化，鸟类飞快散开，加速飞行，减少叫声，并在几分钟内就离开了现场。"[33] 在纽约市奥杜邦协会的倡导下，人们达成了一项协议：每当志愿者监测到灯光周围有 1000 只或更多鸟时，就会关灯 20 分钟。[34]

表 8-1
对候鸟来说最危险的美国城市

春季迁徙	秋季迁徙
1. 芝加哥	1. 芝加哥
2. 休斯敦	2. 休斯敦
3. 达拉斯	3. 达拉斯
4. 洛杉矶	4. 亚特兰大
5. 圣路易斯	5. 纽约
6. 明尼阿波里斯市	6. 圣路易斯
7. 堪萨斯城	7. 明尼阿波里斯市
8. 纽约	8. 堪萨斯城
9. 亚特兰大	9. 华盛顿特区
10. 圣安东尼奥	10. 费城

来源：Kyle G. Horton 等，"大城市的明亮灯光：候鸟暴露在人造光下"，《生态与环境前沿》17，No.4（2019 年 5 月）：209-14。

不只玻璃，值得关注

　　玻璃幕墙和照明对鸟类来说是必须解决的重要危险，但还有其他设计元素也可以积极提高建筑的栖息地价值。纽约雅各布·K.贾维茨会议中心安装了一个近 7 英亩的绿色屋顶，现在这里成了鸟类的栖息地，这是除了安装鸟类友好型玻璃之外的重要一步。

　　值得赞扬的是，贾维茨中心最近的年度报告把鸟类放在了最重要的位置，包括其"数据式"的摘要页。[35] 一些常见的"数字"被强调了出来：会议中心提供了一万八千多个就业机会，以及产生的 20 亿美元的经济活动。但还有 2017 年确定的 30 个屋顶鸟巢。筑巢鸟类的数量应该是一个发展标准，一个判断建筑设计和功能是否良好的方法。

根据年度报告，纽约市奥杜邦的监测工作已经证实了屋顶对鸟类的价值：26 种鸟类访问了屋顶，至少 12 只鸟在那里孵化。随着监测工作向外散开，整个地区和国家都被观察到，"从总督岛和罗斯福岛到布鲁萨德海滩、洛杉矶，再到距纽约 1000 到 1500 英里的法姆代尔。"[36]

屋顶上还生活着五种蝙蝠，还有几个可以生产数百罐"雅各布之蜜"的蜂箱。该中心正在进行新的扩建，扩建后的屋顶将发扬绿色屋顶的主题，屋顶农场和果园占地 4.3 万平方英尺。

与之类似尺度稍小的案例，可在温哥华会议中心西馆的改造中看到。绿色屋顶，种植着大约 40 万株本地植物，形成一片由中心厕所回用污水灌溉的草地。[37]

城市对安装绿色和生态屋顶越来越感兴趣，这是一个积极的迹象，显然是一个在已经高度发达的城市扩大鸟类栖息地的机会。

绿色屋顶可以安装在许多不同类型的建筑物上。在离华盛顿广场公园不远的曼哈顿，格林威治村学校 PS41 的屋顶上已经安装了绿色屋顶。屋顶公园的官方缩写是 GELL（绿色屋顶环境—心理素养实验室）。正如学校网站所显示的那样，屋顶在学校生活中扮演着不可或缺的角色。

自开放以来，各年级学生都受益于这个户外学习空间；从幼儿园"且听且行"参观，到特别相关的昆虫研究项目、到比较相关的工程勘察、天际线描绘，再到绿化屋顶的高级理工科（STEM）建模。我们还与高线公园合作，开展一个课外项目。[38]

维姬·桑多（Vicki Sando）是一名在安装绿色屋顶方面起了很大作用的老师，她最近调查了学生们参观屋顶时的

图 8-4 纽约雅各布·K.贾维茨会议中心的绿色屋顶上筑巢的鸟儿,这张陷阱相机拍摄的照片证明了这一点
(图片来源:达斯汀·帕特里奇)

感受。回答包括"平静""快乐""自由""感觉很好""令人惊叹""兴奋"和"就像我在乡下一样"[39]。

桑多最近告诉我,让绿色屋顶开花结果并非易事。整个过程大约花了六年时间,心脏不好的人可不能参加这些步骤,包括获得所有必要的批准(包括从纽约市学校建设当局取得许可)筹款和建设安装。四楼的屋顶有许多不同的班级参观,有时参观是对良好表现的奖励。但屋顶总是与许多课程结合在一起,它与城市的高线公园合作了一个绿色屋顶课外班。

在 1.5 万平方英尺的屋顶上,大约 9000 平方英尺种植着景天属植物和本土植物。桑多告诉我,这个屋顶上有很多鸟——有哀鸽(Mourning Dove)、蓝鸟(Blue Jay)、嘲鸫

（Mockingbird）、红隼（Kestrel）和红尾鹰（Red-tailed Hawk），"这是一个很大的开放空间，所以他们就出来了。"

就像贾维茨会议中心邻近高线公园一样，它也靠近附近的公园和绿地，这使它对鸟类有价值。正如该学校的网站所说，它创造了"一条相互连接的栖息地路径，让野生动物在整个城市中旅行。"[41] 将纽约市能源部 1300 座校舍的一小部分屋顶改造成绿地将对周围社区产生积极影响，减少供暖、制冷和电力的能源消耗，从而减轻城市的温室气体排放。[42]

目前，还不清楚有多少关于鸟类的教育，尽管学生们最终看到了许多鸟儿在屋顶上。桑多提到了一个班级目睹一只红尾鹰抓走哀鸽的故事。学校还努力将鸟类纳入课程。桑多提到，她已经建立了自己关于纽约鸟类的特殊课堂单元。在教一年级的时候，她可以灵活地把这些内容包括进去。

当然，屋顶还有积蓄雨水等其他好处。桑多还告诉我，这座建筑的能源消耗减少了 20%，这是一个很有助于说服领导投资绿色屋顶的数据。孩子们认为它本质上是另一个公园，这很好。桑多提到了城市里其他学校建设绿色屋顶的兴趣，她已经和大约 50 所学校谈过，其中至少有几所正在推进绿色屋顶的建设。

桑多希望看到像这样的绿色屋顶快速发展，设置绿色屋顶有很多明显的好处。

许多欧洲城市已经强制推行绿色屋顶，并通过财政补贴和技术援助来支持推广。尽管俄勒冈州波特兰市等城市，多年来一直在实施生态屋顶的密度奖励，但北美城市在实施强制要求方面的速度较慢。多伦多成为第一个在某些类型的屋顶上强制实施绿色屋顶的北美城市，旧金山和波特兰最近分别成为美国第一个和第二个强制实施绿色屋顶的城市。

然而，即便有了这项授权，也无法确定，一个典型的大面积绿色屋顶是否会自动成为鸟类的栖息地。

福特汉姆大学（Foram University）的达斯汀·帕特里奇（Dustin Partridge）和他的同事们一直在监测纽约的绿

图 8-5 纽约格林威治村第 41 号公园绿色屋顶是鸟类的栖息地，这也为学生学习自然，提供了一个重要的机会
（图片来源：维姬·桑多）

色屋顶，以观察鸟类和作为鸟类食物的昆虫是否在绿色屋顶上发现，比在附近传统屋顶上发现的更多。

在《公共科学图书馆·综合》（*PLoS ONE*）最近发表的一篇文章中，帕特里奇和介·艾伦·克拉克（J. Alan Clark）报告了纽约四个地点的绿色屋顶和传统屋顶的对比：两个在曼哈顿、一个在布鲁克林、一个在布朗克斯。利用碗形捕集器来收集节肢动物，通过自动声学记录仪记录鸟类的叫声来确定是否存在鸟类。

与附近的传统屋顶相比，帕特里奇和克拉克确实在绿色屋顶上发现了更多昆虫和鸟类。"城市绿化屋顶可以增加城市景观中栖息地之间的连通性，而且本身可以为野生动物提供可用的栖息地。"他们评论道。[43]"我们的研究表明，与传统屋顶相比，绿色屋顶作为节肢动物栖息地的价值更高……绿色屋顶上节肢动物的数量和丰富度都更高。"他们发现，迁徙过程中绿色屋顶上的鸟类数量"高于早期在温带环境下进行的研究"，并指出"经过城市景观的候鸟可以利用城市绿地在中途停留时充分补充脂肪储备，而我们在春季迁徙中记录的鸟类很可能将城市绿色屋顶作为中途栖息地。"但出于同样的原因，他们得出的结论是，"这种鸟类的数量是有限的，这可能表明绿色屋顶不足以成为长期停留的栖息地。"

使绿色屋顶成为吸引鸟类的栖息地，一个重要变量是特定植被的种植。为了更好地了解影响绿色屋顶对鸟类价值的因素，还需要进行更多的研究："应该研究屋顶大小、植被多样性、隔离度和海拔高度对鸟类数量和多样性的影响，以更充分地了解如何利用绿色屋顶保护鸟类。"

有没有办法设计绿色屋顶，使它们成为更好的鸟类栖息地？帕特里奇和克拉克的结论是肯定的。

大多数绿色屋顶都可以得到改善，以增加它们对节肢动物和鸟类的价值。例如，更深的基质来增加植物的多样性，种植本地植物可能有利于本地动物。我们经常观察到鸟类利用暖通空调设备、天线和气象站等任何可用的高架平台作为栖息地，在绿色屋顶的植被区域安装鸟类栖息地可能会使鸟类受益，并增加鸟类对绿色屋顶的利用。规划者还应考虑与附近绿地的连接。最后，绿色屋顶的规划者和安装者应该尝试使用鸟类友好型玻璃和种植植被来减少潜在的鸟窗碰撞，从而确保绿色屋顶对鸟类的安全。[44]

绿色屋顶能否成为城市环境中重要的栖息地踏脚石？

毫无疑问，我们需要把绿色屋顶重新设计成为鸟类栖息的地方，也可以把它想象成类似于地面公园的地方，大多数城市居民可能会在那里寻找鸟类。

绿色建筑师海伦娜·范·弗利特（Helena Van Vliet）是草根组织 BioPhilly 的创始人，她不再喜欢把这些屋顶称为绿色屋顶。她现在称它们为"屋顶草地"，她认为这个词能更好地描绘它们的根本目的。

城市中的公园和许多其他形式的绿地也将很重要，我们将越来越需要考虑这些空间如何在生态上连接起来。

我在亚特兰大奥杜邦的皮埃蒙特公园（Piedmont Park）分别会见了执行董事尼基·贝尔蒙特和保护总监亚当·贝图尔（Adam Betuel）。皮埃蒙特公园可能是亚特兰大最著名的公园。那天，当我与他们在拍摄一个短片时，贝图尔通过鸟类的歌声统计了附近的 29 种鸟。随着慢跑者、骑自行车的人和骑着滑板车的人们飞驰而过，公园对鸟类在城市中穿梭也起到了相当重要的作用，在那里至少发现了 175 种鸟。站在清溪湍急的水流旁，不可否认这里有丰富的鸟类。贝图尔说："对鸟类来说，这是一个很棒的地方，是城市中的'绿洲'。"

在芝加哥，最令人印象深刻的一件事是许多湖滨公园逐渐转变为鸟类友好型栖息地。这是至关重要的，因为正如朱迪·波洛克（Judy Pollock）告诉我的那样，尤其是在迁徙期间，"有很多鸟集中在湖边。"当太阳升起时，他们就会前往那里着陆。她对芝加哥公园区的工作给予了很大的赞扬，芝加哥公园区在经过一段时间后已经将荒芜的草坪、滨海公园和绿地改造成了鸟类的重要栖息地。她说，该地区"非常重视为候鸟提供栖息地的责任。"例如蒙特罗斯角鸟类保护区，这个 10 英亩的地方可以在迁徙期间容纳大约 300 种不同的鸟类，它是"魔法篱笆"的家园。这里有超过 400 英尺的"乔木和灌木非常令人费解地受候鸟欢迎"。[45]公园向外延伸到密歇根湖，里面有各种各样包括草地、树木、灌木和沙丘的栖息地，这使它成为特别有吸引力的停靠点。

大量鸟类死于车辆碰撞，这表明我们需要从另一个角度思考玻璃以外的问题。2014 年，斯科特·洛斯（Scott Loss）、汤姆·威尔（Tom Will）和彼得·马拉（Peter Marra）估计每年有 6200 万到近 4 亿的鸟类死亡，这比鸟类面临的许多其他威胁更重要。在设计和开发更安全的鸟类友好型道路方面需要作更多研究。[46]可能有比我们目前知道的更多选择，但我们在设计道路时通常不太可能考虑对鸟类的影响。洛斯、威尔和马拉提出了一些选择：

> 在确定了鸟类死亡的高发地点后，降低道路沿线鸟类碰撞死亡率的潜在选择，包括在路边放置飞行反光镜，迫使鸟类飞到车辆高度以上，局部降低速度限制，架设标志以提醒司机，减少或移除路旁鸟类栖息地的数量，以及使用视觉或听觉威慑。[47]

作者正确地指出，有效的设计必然会因物种、地区等诸多因素而不同。同时需要进行更多的研究以及加紧进行设计试验和试点，从而更好地了解鸟类问题的严重性和如何迅速采取措施来减少这些对高速公路的影响。

设计桌前，应虑鸟类

在北美各地的城市中，推行新设计标准的趋势是积极的。多伦多和旧金山一直是早期的领跑者，紧随其后的是波特兰德、加利福尼亚州的奥克兰以及最近的纽约等城市。

这个问题在国家层面重新出现。在 LEED 下，鸟类友好型设计已经是可以获得一个积分的元素。[48] 令人鼓舞的是，2020 年 7 月，美国众议院通过了《鸟类安全建筑法案》（HR 919）。这项法案将对新的联邦建筑实施鸟类友好设计标准。尽管它还需要在美国参议院获得通过，但它表明鸟类安全设计正在全国范围内获得吸引力和关注。

幸运的是，建筑师的观点似乎也在改变。2018 年 10 月，时任美国建筑师协会主席的卡尔·埃莱凡特在弗吉尼亚大学演讲时明确提到了设计时考虑鸟类的必要性。这是一个有希望的改变。但事实上，很少（如果有的话）设计学校教授他们的学生有关鸟类和为鸟类设计的知识。这是一种错失的机会，从很多方面来说，也是一种失职。

毫无疑问，建筑在设计时必须考虑到鸟类。这不能是事后的想法，而应该在设计的前面和中心。正如纽约贾维茨中心（Javits Center）和旧金山加州科学院（California Academy of Sciences）等建筑所显示的那样，现有的鸟类危险建筑可以有效地进行改造，以减少或几乎消除它们的危险。没有理由不这样做。

加州科学院的莫·弗兰纳里（Moe Flannery）认为，建筑学界仍然需要转变观念，应该更多地考虑建筑对鸟类、野生动物以及人类的影响，"而不是只考虑它的外观"。许多建筑师会不同意这种看法，但毫无疑问，一个建筑所表达的美学，以及它的视觉独特性和色块运用，被认为是至高无上的。

建筑世界似乎正在发生变化，人们对鸟类的关注越来越多，这要归功于像詹妮·甘这样的建筑师的工作和设计倡导，他们把这个问题作为优先考虑的问题。

第九章
都峡之鸟：多伦多市，提高认识，塑造人居，开创贡献

随时而鸟变。鸟化而我易矣。余左右地化，并融来同往，与吾通之矣。我养得一种，谓"场所之感"。

——乔·哈克内斯（Joe Harkness）

五月，候鸟如潮，穿都峡、园、院。一日早餐后，与儿在丁香中见一墨莺。挤阳台门前，远望此鸟，胸脯黄质而黑纹，似以锐利笔锋而绘就。

——京·麦克莱尔（Kyo Maclear）

安大略省的多伦多一直被称为"候鸟高速公路",因为在秋季和春季的迁徙中,数百万只鸟会穿过这片城市区域。它也是最早开始系统思考鸟类是如何受到建筑和城市建筑环境影响的城市之一。这主要是通过 FLAP 的早期工作。该组织由迈克尔·米苏尔于 1993 年正式创立,尽管米苏尔早在20 世纪 80 年代末就开始研究城市鸟类问题。作为一名艺术家和画廊老板,米苏尔一生都对鸟类着迷,他偶然发现了鸟撞问题。

米苏尔一直致力于提高人们对多伦多玻璃墙建筑危险的认识,在此过程中,他帮助这座城市成为鸟类友好设计的领导者。米苏尔告诉我,他的使命是让城市对鸟类来说更安全,这并不是一个职业选择,而更像是一种召唤。他在2019 年的一次采访中说:"这就像我在聆听内心的声音。"

FLAP 是第一个致力于解决鸟撞问题的志愿者组织。在鸟类迁徙期间,一小群志愿者会在城市里的某些建筑下面巡逻,寻找死亡和受伤的鸟类。米苏尔告诉我,这是一项耗费精力的工作,因为许多志愿者最终发现的死亡或严重受伤的鸟类,其中有许多是在野外也难得一见的种类。米苏尔对志愿者的保留率感到自豪,对许多非营利组织来说,人员流动是一个问题,但他承认这是一项情感上困难的工作,并不是每个人都适合。

值得称赞的是,FLAP 以一种前所未有的方式将鸟类在建筑中发生碰撞的事件公之于众,并且开创了一种系统的方法来收集和统计被玻璃和建筑撞击的鸟类。

这些技术已经被其他城市学习并使用。FLAP 已经成为鸟类保护群体的灵感和典范,例如一个名为渥太华安全之翼(Safe Wings Ottawa)的组织就采用了类似的方法来提高人们的意识。

如果没有志愿者们,FLAP 的工作是不可能完成的。该组织只有包括米苏尔在内的三名全职员工,但在鸟类迁徙期间,有 100 名甚至更多的志愿者在城区巡逻。金融区对受到夜间灯光影响的鸟类来说,是一个特别重要的地方,但白天撞击建筑物导致的鸟类死亡事件更是一个严重的问题，而且似乎没有足够的人手来照看每个需要巡逻的地方。

死鸟最终会被贴上标签后放进冷冻室。在每个迁徙季节结束的春末时，FLAP 通常会在皇家安大略博物馆展示所有已经死亡和被收集的鸟类，这些鸟类成为博物馆收藏的一部分。米苏尔说："事实证明，这是我们教育公众认识问题严重性的最有价值的方法之一，因为当你把这些鸟放出来，对绝大多数人来说真的是大开眼界。大多数人从来没有在一个地方看到过这么多的鸟类，不仅如此，物种的数量也相当惊人。"[3]

媒体对这些事件的报道，也让消息不胫而走。死鸟展览都是引人注目的，从视觉上展示了因建筑物撞击而死亡的鸟类的多样性和绝对数量。以前从来没有人这样做过。对米苏尔来说，这个想法很有吸引力，因为它寻求教育公众，而非尖锐抗议，他需要说服城市里的那些人，比如建筑业主和开发商。他的理念一直是发展与这些团体的工作关系。

我们没有把所有鸟都扔在门口的台阶上，而是把它们都摆在了一个中立的区域。我们邀请所有这些建筑业主们进来看看它们。我们邀请公众和媒体……事实证明，这是保持故事在公众眼中栩栩如生而又不惹人生气的最有效方法之一。[4]

在很大程度上，由于米苏尔和 FLAP 的倡导工作，多伦多在减少鸟撞事故方面做得比其他任何城市都多。2007 年，多伦多通过了《鸟类友好型发展指南》，这是该市更大的绿色发展标准的一部分。它是北美第一个建立强制性鸟类安全建筑标准的城市。根据这些规定，该市所有新建筑必须符合最低标准，包括使用有利于鸟类的玻璃。

根据米苏尔的说法，通过多年的数据收集，白天窗户撞鸟，比晚上更频繁，而且这些撞击大多发生在相对较低楼层，大多在 1 到 6 层楼之间（约 90% 的鸟类撞击窗户发生在 50 多英尺以内，或 16 米高度内）。玻璃是主要原因，但米苏尔指出，情况正在改变。他指出，多伦多新建筑倡导一种不同的美学，他觉得这种美学更有趣。他以斯诺赫塔（Snøhetta）设计的瑞尔森（Ryerson）学生中心为例，这是一个视觉上引人注目的建筑，"覆盖着数字印刷的压花玻璃，最大限度地减少了温室效应，并产生建筑内光影变化。"这样的建筑"外观优美多了"他说。

经过 25 年的工作，米苏尔从中受到了鼓励，人们的思维模式正在改变，鸟类友好型设计的势头正在增强。他描述了自己在致力于这个问题的大部分时间里被人支持的感觉。他自豪地指出，这些年来他和他的团队已经能够改变公众的意见。他称这是一场巨大的胜利。"我们被视为一群疯子，天亮前拿着网在建筑物周围跑来跑去。"今天，这种情况已经改变了——公民和政府官员正在倾听，FLAP 有信誉。"最终，我们获得了多伦多观众的关注，他们决心扭转这个局面。"

图 9-1　FLAP 每年都会公开展示在多伦多因撞击建筑而死亡的鸟类
（图片来源：加拿大 FLAP）

强制安装鸟类友好玻璃：多伦多中高层建筑绿色标准

鸟碰撞威慑
一级
EC 4.1 鸟类友好玻璃

结合使用以下策略来处理建筑物高于地面或成熟树冠高度的前 16m 以内的至少 85% 的外部玻璃（包括阳台栏杆、透明玻璃角、平行玻璃、内部庭院周围的玻璃和其他玻璃表面）：

· 低反射率，不透明材料
· 视觉标记应用于玻璃与最大间距 50mm×50mm
· 建筑一体化结构，消除玻璃表面的反射

阳台栏杆：对建筑物以上 12m 以内的所有玻璃阳台栏杆进行目视标记处理，间距不大于 100mm×100mm。

鸟类能穿过的地方：对所有高度的玻璃进行处理，视觉标记间距不大于 100mm×100mm。需要改善的地点包括：

· 玻璃的角落
· 平行玻璃
· 建筑一体化或独立式垂直玻璃
· 地面玻璃护栏
· 玻璃护栏

EC 4.2 屋顶植被

使用 EC 4.1 中的策略处理特征上方的前 4m 玻璃和特征两侧至少 2.5m 的缓冲宽度。

（继续）

表 9-1 续

鸟碰撞威慑
一级
EC 4.3 炉排孔隙率
地面通风格栅的孔隙率应小于 20mm × 20mm（或 40mm × 10mm）。

轻污染第一级
EC 5.1 室外照明
所有外部装置必须符合 Dark Sky（黑暗天空）标准。

来源：安大略省多伦多市，《多伦多绿色标准，版本 3：中高层住宅和所有非住宅的生态》，访问 2019 年 4 月 1 日。

米苏尔的工作和多伦多市其他人的努力，帮助创建了一些最早的鸟类友好型发展标准。现在，作为多伦多市相当全面的《多伦多绿色标准》的一部分，它们规定了一系列严格的、强制性的鸟类友好型窗户玻璃要求（表 9-1），这些标准启发并指导了本书中讨论的其他一些城市。

两起备受瞩目的针对鸟类致命建筑的诉讼，帮助厘清了鸟类友好型设计的法律和监管基础。米苏尔和 FLAP 并没有发起这些诉讼，但他们提供了大部分的鸟撞数据。因此，米苏尔被开发者和他们的律师妖魔化，还受到了威胁。他通常的做法是他向我描述过的"蜂蜜 vs 醋"，他希望与开发商和建筑商合作，减少对鸟类的危害。

这些诉讼所做的一件事就是根据《安大略省环境保护法》确立了一项法律义务，该法案对污染物的排放施加了限制。该法律明确将光辐射作为一种污染物，通过诉讼，法院得出结论，由于反射日光对鸟类的伤害，该法案也包括在内。法院的意见确实很有力，基本上把这座城市的建筑业主变成了法律的违法者。米苏尔告诉我，这为保护鸟类提供了"巨大的便利"，但也给安大略省环境、保护和公园部的执法带来了困难。

尽管法律缺乏执行，但这些诉讼的一个非常积极的结果是，市场上避免撞鸟的产品数量显著增加。他说："尽管很多玻璃制造商和窗膜公司对此很感兴趣，但他们不准备把资源投入他们认为需求不够大的产品上。"法院的意见对这些公司起到了推动作用，许多新产品现已上市。

据米苏尔估计，仅在多伦多市就有 100 万座或更多建筑可能存在鸟撞危险。很明显这将是一个巨大的执法挑战。回到米苏尔关于"蜂蜜 vs 醋"的理念来说，他和 FLAP 正确的方法是寻找其他机制带来改变。目前的一种方法是加拿大标准协会已经制定的自愿鸟类友好标准（米苏尔是技术委员会成员）。如果这些标准被采纳，它们很可能会被纳入省级建筑规范。

但正如米苏尔告诉我的，更大的挑战是如何处理现有的建筑存量。城市的鸟类友好型指南将主要关注新建筑，并要求它是鸟类友好型的，但现有的建筑怎么办？他说，99.9%的鸟类死亡发生在现有建筑上。"这是一个不可逾越的建筑数量。"FLAP 试图通过识别对鸟类最危险的建筑物来帮助减少这个数字，并为此开发了一种特殊的方法。

资金仍然是一个持续面临的挑战。多年来，"FLAP 一直与加拿大环境与气候变化协会合作，并获得了大量的资金援助。新的资金来源包括 1994 年成立的英国天然美容的新生品牌，生产肥皂的乐事（Lush）。"

位于布卢尔街的丹尼尔斯大厦（Daniels Building）最近达到了多伦多市的标准，它的对面就是该市标志性的高公园（High Park）。我与 FLAP 的其中一名全职员工苏珊·克劳肯（Susan Krajnc）在这个综合大楼的一楼咖啡馆见面，谈论她在 FLAP 的经历。[8] 她描述了自己作为志愿者的第一次经历，那时她发现了一只刚刚撞到一栋大楼的靛蓝彩鹀。

"你可以从它的眼神中看到困惑，"她向我讲述着小鸟死在她手中时的无助感。

丹尼尔斯的发展有时被作为鸟类友好标准所能带来的差异的一个例子。在这个多层建筑中，压花玻璃是显而易见的，被压上 10cm×10cm 的网格，这是法规规定的密度。克劳肯 Krajnc 指出，法规需要更严格，事实上，2020 年将对私人建筑实施更严格的修订。最近在市政厅等新建的公共建筑上安装了新窗户，压花密度将提高到 5cm×5cm。

另一个问题是发现压花的窗口的精确层。FLAP 已经确定，将压花烘烤到多层窗户的内层会使鸟类更难看到窗户。理想情况下，压花应该在窗户的外层，从而最大限度地提高鸟类的能见度。现在有如此多的本地窗户制造商和窗户公司，产品的选择也越来越多，满足这种设计要求应该不难。

公共教育无疑是 FLAP 所做的另一项工作。这包括在建筑大厅安装标识。为了说明个人房主可以做些什么，FLAP 设计了一份精美的折叠式小册子，题为《鸟类的家园安全》，用英语和法语两种语言印刷。[■]它简明扼要，但信息丰富：我该如何处理受伤的鸟类？我如何保证我家的鸟类安全？如何放置喂鸟器以减少鸟类撞上窗户？它包括一个带孔的弹出式正方形，显示了推荐的修补尺寸（5cm×5cm）。"使用这个'盒子'，"宣传册上写道，"把它贴在经过处理的窗户上。用鸟类友好型黏合带标记的间距不应超过这个盒子的高度和宽度。"市民们还被鼓励接受"鸟类安全家园"的承诺，并使用"全球鸟类碰撞地图绘制器"。这是一个在线工具，用于报告多伦多（以及世界上其他城市）鸟类死亡或受伤的位置。[■]作为"熄灯"计划的一部分，FLAP 也会在鸟类迁徙高峰期向建筑业主发出迁徙警报。

克劳肯还指出了丹尼尔斯大厦明显的局限性，作为该社区的前居民，她对这座建筑非常了解。建筑的体积和密度，以及居民对建筑结构的感受是一个有争议的问题，即建筑相对于这个位置来说太大了。克劳肯支持增加城市密度的需

图 9-2　春季和秋季迁徙期间，FLAP 志愿者在多伦多市区巡逻，抢救受伤鸟类，收集死鸟
（图片来源：加拿大 FLAP）

求，但她认为应该通过更多的中高层建筑来满足这一需求，而不是开发高层建筑。

在建设过程中树木的损失是另一个热点问题。开发商被允许砍伐一些仅存的黑橡树，甚至在筑巢季节也是这样（稍后会详细介绍）。克劳肯（Krajnc）认为部分建筑包含了绿色屋顶的做法是积极的，但她想知道为什么没有更好的尝试将这个开发项目融入更大的环境中，特别是尝试连接到高公园。这是我在多伦多访问并与人们的讨论中发现的一个共同主题：高公园是多伦多峡谷网络的一部分，也是城市中最后残留的黑橡树草原栖息地之一。也许维持甚至扩大黑橡树沿着社区街道和附近空间的生长，将会创造更多的生态连接，并放大该公园的积极力量。

但同样清楚的是，大部分由鸟撞造成的死亡不是发生在更大的商业或住宅建筑，而是发生在更靠近郊区的社区。因此，FLAP 开始了它的房主运动。

都市峡谷，飞鸟翔集

多伦多有时被称为"峡谷城市"（Ravine City），因为它的自然环境是由峡谷定义的。峡谷是多伦多最主要的地貌和生态特征。它们是在森林覆盖的河谷里，事实证明，它们是鸟类特别重要的迁徙走廊。这些峡谷构成了这座城市，占了国土面积的 17%。大约 60% 的土地，是公有的；其余都在私人手中。保护峡谷和引导发展，远离它们的努力，可追溯到 1954 年袭击城市的黑兹尔飓风（Hurricane Hazel）。

近年来，人们对峡谷重新产生了兴趣，并意识到它们在塑造多伦多方面的重要性。该市最近起草了一份新的峡谷战略，[9] 其中提出了一个雄心勃勃的愿景："峡谷系统是一个自然的、相互联系的保护区，对城市的健康和福祉至关重要，在这里我们使用并享受着支柱性保护、教育和管理。"[10]

在 2019 年 10 月我第一次访问多伦多时，有机会重新熟悉了顿河河谷的一个著名峡谷。我首先参观了长青砖厂，它是一个很好的适应性重用的例子，也是一些令人惊叹的项目的集大成地。那天我的导游是瑞尔森大学（Ryerson University）的规划教授尼娜 - 玛丽·利斯特（Marie Lister）和长荣公司的执行主管卡姆·科利尔（Cam Collyer）。[11]

当你走进砖厂，首先映入眼帘的是一个墙壁大小的雕塑，它本质上是一幅活生生的多伦多地图，生动地描绘了它的峡谷系统，作为绿色墙壁的生长元素。这是当地艺术家费鲁吉欧·萨德拉（Ferruccio Sardella）的作品，它是一个突出的特征，也是那些聚会的共同场所砖的工作原理。

长青砖厂是讲述多伦多峡谷故事的绝佳场所。现在它是适应性再利用的一个极好的例子，一百年来它一直是一家砖厂，帮助建造了这座城市的大部分地区。这座城市许多重要的历史建筑，包括老市政厅和梅西音乐厅，都是用那里制造的砖建造的。

由于当地的沙子用光了，工厂倒闭了，在长荣公司帮助它恢复生机之前，它已经闲置了大约 20 年。此后，由于长荣已经因其在栖息地恢复方面的长期工作而获得了积极的声誉，它成为当地环境活动的中心和公共集会场所。以前的采石场现在是一个湖泊和公园，还有一个非常受欢迎的农贸市场和餐馆。学校经常来砖厂参加团体活动，现在还来参观一个独特的儿童水上公园。最令人印象深刻的是，人们有机会看到一些残存的窑炉和工厂建筑正在被修复和重新利用。人们可以站在那里，了解用于加热和冷却砖块的漫长输送系统的生产逻辑，并对生产高峰时期的情况有一点了解。

尽管砖厂一直运营到 1989 年，但正如前面提到的，1954 年，黑兹尔飓风袭击这座城市时，峡谷内的其他大部分东西都被清除了。沟壑是城市主要河流的所在地，因此泛滥成灾。这成为多伦多认识峡谷的危险的分水岭，从那一年开始，它们被设定了界限。大部分土地归多伦多和地区保护管理局（TRCA）所有，这是该省的一个机构。多伦多和地区保护管理局仍然拥有大部分的峡谷。

为了领略峡谷的广阔美景，我不得不前去走一走。参观完砖厂后，我沿着顿河下游徒步旅行，在沿途的不同地点停留，拍摄盛开的野花，最后来到多伦多市中心。这条峡谷是这座城市最发达的峡谷，当你沿着它行走时，你会清楚地感受到虽然这里很僻静隐秘，但也有附近高速公路的声音，水电设施和防洪设施的存在，以及其他人为的改变。在皇后大桥穿过峡谷的地方，我爬了一些非常陡峭的楼梯，最后来到了一个更接近城市的地方，我向着市政厅走去。

城区沟壑，是鸟类必不可少的栖息地，也是鸟类在城市中迁徙的主要走廊，这一点毋庸置疑。但有证据表明，峡谷中并非一切都好，有限的生态管理的历史正开始造成损失。简·温宁格（Jane Weninger）是多伦多城市规划部的高级规划师，也是该机构环境方面的负责人，她解释了峡谷对鸟类的重要性。"鸟类飞行路线经过峡谷。"她说。当然，它们是重要的栖息地，帮助鸟类安全地在城市中穿行。

温宁格解释了峡谷内或附近的活动和拟议用途是如何被监管的，例如，要求新的建筑必须从峡谷的边缘后退。

尽管土地面积令人印象深刻，但仅仅把土地放在一边可能是一个不充分的战略。博士生埃里克·戴维斯（Eric Davies）最近的研究对峡谷的生态健康提出了严肃的问题，他指出了挪威枫树这些外来树木是如何入侵峡谷的，以及为鸟类提供了重要栖息地的本土针叶树和山胡桃树等各种较大树木的缺乏。戴维斯指出，挪威枫树"正在赶走一切"。

这项研究表明，在过去的四十年里，生物多样性和生态功能显著下降。景观设计师沃尔特·凯姆（Walter Kehm）同意这一意见，尽管他对这项工作持批评态度，认为它没有考虑到峡谷生态功能失调的深层原因。我问凯姆关于城市峡谷系统的重要性。他告诉我，峡谷是关键，但他也提出了一些谨慎的观察。一个是担心峡谷的生物多样性和鸟类栖息地价值的下降。他指出，这些峡谷越来越"没有植被亚层，只有孤立的小块区域。"

他说："这个拼图中缺失的一大部分，与其说是树木，不如说是二层灌木，"或者更准确地说，是灌木的缺乏。"一旦建立了灌木，天哪，春季迁徙来的莺、画眉和燕雀是令人难以置信的。"凯姆认为，需要对峡谷进行更积极的管理，从而恢复对鸟类和城市中许多其他生物至关重要的灌木和下层植被。他说，灰尘和其他碎屑正在使峡谷中的土壤窒息。

虽然凯姆对峡谷管理（或不管理）的方式有些批评，但他对该市一些新建的公园表示高度赞赏，这些公园为鸟类创造了一些令人印象深刻的新栖息地。一个令人印象深刻的例子是汤米·汤普森（Tommy Thompson）公园，沿安大略湖海岸线，基本上是通过疏浚湖泊形成的。这是一个他亲自参与设计的公园，也是与他心心相连的公园。一百年前它还不存在，但今天它拥有500公顷，约1200英亩。它已被国际鸟盟（BirdLife International）指定为环境重要区域和重要鸟类区。它是由26个鸟类研究站组成的国家网络的一部分。该研究站由"多伦多和区域保护局"TRCA和多伦多和地区保护基金会（TRCF，在2018年11月之前被称为生活城市基金会）联合运营。

凯姆认为，汤米·汤普森公园在保护城市鸟类方面有很多经验教训。"我们在这里必须要做的，最重要的事情是保护生态系统的多样性，从湿地边缘到下一级半湿润地区，再到稍微干燥的地区。"

"什么都不要种，"他告诉我，但要试着了解盛行的风。利用这些因素以及鸟类和其他动物在自然种子传播中发挥的作用。

凯姆说："汤米·汤普森现在已经演变成一个层次分明的景观。"他注意到公园里吸引的鸟类令人印象深刻，三年前第一次来到这里的野鸭，现在正在回来筑巢。他认为这是一个很好的迹象。

这些经验教训对城市来说很重要。我们需要把多样化的景观直接带入城市。凯姆指出："城市一直受到单一文化种植园的困扰。""我们如何将多样化的生态环境带入后院、街道、人行道、自行车道、公园、棒球场？"我们需要重新思考所有类型的空间。

凯姆担心的另一个问题需要跳出峡谷去思考。它们可能是城市的绿色上层建筑，但我们需要将自然延伸到这些主要的绿色走廊之外。"就好像他们在峡谷周围画了一条线。"他说，我们需要"将城市视为森林文化网络，而不仅仅是峡谷"，他认为关键任务是将峡谷的树木、绿色植物和栖息地扩展和延伸出去。

这让我们回到丹尼尔斯项目的开发，10月我在那里访问时喝了咖啡。这个项目说明了城市如何寻求容纳和增加城市指定区域的密度。布鲁尔被认为是城市发展计划中的一条"大道"，一个可以而且应该适应更多增长的地方。在多伦多，这被称为强调中层建筑的"温和密度"。简·温宁格告诉我，丹尼尔斯开发项目位于中高端楼盘，相当大而笨重。它确实有必备的鸟类友好型玻璃和部分绿色屋顶，但有一种可以做得更多的感觉。

还有人批评在建设过程中黑橡树等树木的损失。当地专栏作家乔·费奥里托（Joe Fiorito）在与林务员埃里克·戴维斯参观了建筑工地后，于《多伦多星报》的一篇评论中对此进行了尖锐的评论：

尽管这些树木对公园里黑橡树大草原的遗传多样性很重要。不要介意公园里的黑橡树大草原是非洲大陆的自然奇观。

> 别介意，这是筑巢季节……
> 最悲哀的事情吗？
> 一只鸣鸟落在附近的电线上，嘴里叼着一只毛毛虫。埃里克说："看到了吗？鸟类一般不会衔着食物飞行，除非它们在喂养幼鸟。"
> 当然，这是筑巢的季节。鸣鸟正在去喂幼鸟的路上。它在找一棵树，在找一个已经不在了的鸟巢。
> 雏鸟还太小，不可能从链锯上飞下来，现在被压死了。
> 没有人对这些树木中鸟类、动物和昆虫的多样性进行过研究或调查。
> 这只鸣鸟嘴里叼着毛毛虫，在上空盘旋，好像通过飞行，树和孩子，就会以某种方式重新出现。
> 公寓附近有一块牌子，上面写着："爱你所在的地方。"
> 是啊，管它呢。[13]

在开发过程中失去任何大树都是不幸的，但在多伦多，黑橡树的损失尤其严重。

我问简·温宁格，是否有人想过如何把街对面的高地公园的美丽特质延伸到这个城市社区。一个绿色的延伸，包括一些黑橡树大草原，或者至少是一个城市版本？

是的，温宁格说，这个想法确实在这个社区的区域规划中。这在现在是很难想象的，我认为这对人类和鸟类来说都是一个很好的设计结果。

丹尼尔斯建筑群位于多伦多神奇的高地公园北部，生态连接和延伸的需求和机会似乎是显而易见的。它位于所谓的"高地公园公寓社区"（High Park Apartment Neighborhood），但那里的居民并不总是对那里的变化感到满意，包括布鲁尔街（Bloor Street）沿线的树木生长和珍贵的黑橡树等老树的消失。的确，高地公园以其残存着这座城市最后一片黑橡树稀树草原而闻名，这也是这座公园如此特别的原因之一。每年，市政府都会在公园内组织有序的焚烧活动，以维护和振兴这个栖息地。

高地公园是多伦多人享受自然空间的一颗宝石，也是另一个观赏鸟类的重要地点。在公园里，很受欢迎的观鸟地点是鹰山，它是观察大多伦多猛禽的三个地点之一。在这里，人们可以看到十八种猛禽的迁徙过程。同时，这里也是观赏夜鹰的最佳地点。市民们可以协助统计这些鸟的数量，这也是加拿大鸟类研究组织开展的"高地公园夜鹰观察"监测项目的一部分。从8月中旬到9月初，观察者们在晚上6点左右来到鹰山。

秋天访问多伦多时，我有一个意外的机会参加了由爱尔兰裔加拿大植物学家和树木活动家戴安娜·贝雷斯福德 - 克罗格（Diana Beresford-Kroeger）在高地公园组织的草药散步。这里拥有一片迷人而不同寻常的森林景色。贝雷斯福德 - 克罗格从小就把树当成人，并从长辈那里学习树木的古老秘密和药用价值。作为一名训练有素的科学家，她以很少有树木倡导者能做到的方式，将神圣与科学融合在一起。

那天，她给我们讲了很多关于树的神奇故事，包括我们在高地公园触摸（并在几个地方拥抱）的树，还有在近北极北方森林和世界其他地方的树。她告诉我们，健康的陆地森林是海洋世界食物网的基石，因为树叶中的黄腐酸为海洋浮游植物提供了重要的铁元素。这些故事有着关于生命的深刻内在联系，以及树木和它们所哺育的鸟类的奇妙故事。在她精彩的回忆录《为树说话》中，她将橡树描述为一种"为昆虫、蝴蝶和传粉者服务"的生物大都市。她的声音只是我们应该明智地倾听的众多声音之一，它将给我们灌输一种关于树木、鸟类和我们周围的其他生命的魔力，我们应该在我们的城市社区为它们留出空间。

多伦多似乎从未长期固步自封，不断创新各种有趣的公园和城市空间。其中包括拟议的铁路甲板公园，它将在贯穿市中心的铁路走廊上创建一个公园，以及新开放的一个 1.75 公里（1 英里）的公园和加德纳高速公路下的滑冰道。

另一个典型的自然和鸟类栖息地是红河国家城市公园（Rouge National Urban Park）。被称为"加拿大第一个国家城市公园"，位于城市的另一个峡谷中。它相当大，接近 80 平方公里（超过 30 平方英里），而且离许多城市居民居住的地方非常近，为鸟类和人类提供了各种栖息地，其中包括对多伦多人的一种独特体验——它是城市中唯一的一个露营地。孩子和家庭可以通过公园提供的工作坊学习如何露营。该公园发现了 247 种鸟类，被认为是该市的观鸟热点之一。

草地城市公园（The Meadoway）是与其他公园和绿地生态相连的一个例子。这是多伦多地区保护管理局的一个项目，努力将一个大型输电线路公用走廊重新想象成栖息地和公共设施。尽管该项目在本文撰写时仍在进行中，但只有大约 40% 的成本，约 8500 万美元得到了保证，其中包括来自 W. 加菲尔德·韦斯顿基金会（W. Garfield Weston Foundation）[16] 的 2500 万美元。当项目完成时，它将构成一个 16 公里（10 英里）的直线公园，占地约 500 公顷或

1200 英亩。它将从多伦多市中心延伸到胭脂国家城市公园，连接许多社区和公园，以及至少 4 条峡谷。它还包括一条多用途的步道。大约 40 公顷（近 100 英亩）的原生草地已经恢复。通过这一努力，大量种植非本地羊茅的低生物多样性土地将被城市中许多居民和社区可利用的高舒适性、高生物多样性土地所取代。

这是一种在城市中开垦新联系和新地方的创造性方式。正如博主特雷弗·海伍德（Trevor Heywood）在他的博客《都市景观》（*Metroscapes*）中指出的那样，这些峡谷的延伸和联系可能会进一步放大。他还指出了现有和以前其他类似的水力输电走廊，总长约 160 公里（100 英里），面积约 1400 公顷（3500 英亩）。[17]

先驱之城，警醒世人

多伦多一直是提高人们对城市威胁鸟类认识方面的领导者和先锋，特别是通过迈克尔·米苏尔和 FLAP 的志愿者们的工作。作为一个鸟类保护组织，它的努力和方法已经鼓舞了许多其他城市。FLAP 是第一个从事鸟类碰撞监测的组织，多伦多是第一个参与这种监测的城市，这种监测已经在许多城市变得普遍。同样，多伦多已经成为第一个采用强制性鸟类友好设计标准的城市，这在很大程度上要归功于 FLAP 的倡导。它以新颖和创造性的方式接近城市的公园和绿地，尤其是形成多伦多绿色基础设施骨架的峡谷系统，确实令人印象深刻。

但多伦多也起到了警示作用，本书中所有城市都是如此。已经引领了强制性鸟类友好型设计就足够了吗？苏珊·克劳肯告诉我，在 FLAP，他们注意到鸟类越来越少，当然建筑也越来越多。她提到了湖边地区的鸟类有大量的增长。"这是另一堵墙，"她说。"老实说，我们非常担心。"她通过雷达追踪鸟类向南迁徙的轨迹。"你要屏住呼吸。"也许鸟儿们在多伦多生活得很好，但它们必须长途跋涉，穿过那些不太喜欢鸟的城市。

多伦多对鸟类的努力和承诺，在某些重要方面是具有局限性的。尽管鸟类和人类的重要栖息地和绿地正在被保护，特别是城市沟壑，但生物多样性的下降和对这些城市空间管理不当的问题仍然存在。然而，多伦多似乎准备好迎接这一挑战。通过制定峡谷战略和建立诸如红河国家城市公园和牧场路公园（Meadoway）等新公园的工作，多伦多将继续致力于成为最为鸟类创造安全环境的城市之一。

第十章
鹦鹉惊起：反对修路，
奋力护鸟，保护灌木

鸟以群集，忽然而至；如你所愿，爱以类聚。

——酷玩乐队（英国著名流行乐队）
（Coldplay）

想要保护大范围残存的自然地带并不是一件容易的事，但这对于维护鸟类城市栖息环境的良好质量以及生物多样性的发展来说却是至关重要的。在保护过程中也存在着许多威胁，其中最常见的就是高速公路的建造，而这些影响环境保护的因素往往都会得到大量财政资源和强大势力的支持。因此，当不寻常的事情发生时，人们会注意到，一个社群会有效且坚定地团结起来去保护他们认为珍贵的东西，并且总能成功[2]。

　　我通过在西澳大利亚珀斯科廷大学的同事彼得·纽曼（Peter Newman）了解到这样一个鼓舞人心的故事：一个社区的人们团结起来拯救了一片残存的灌木丛以及灌木丛周边那些赖以生存的鸟类和动物。这场环境保护大戏就发生在我曾去过很多次并居住过一段时间的地方，那里也寄托着我非常浓厚的情感。

　　保守的州政府和州长科林·巴内特（Colin Barnett）在几年时间内试图推行罗伊8号公路的扩建工作，修建一条连接弗里曼特尔港的新货运通道。但由于项目一开始就考虑不周，花费了高昂的成本，这条高速公路的扩建工作进展得似乎并不顺利，看起来也并不是很有必要。对于巴内特政府来说，阻碍罗伊8号公路扩建的是那些残存的灌木丛、残存的大片班克西亚硬木和一些非常罕见的湿地，如果想要完成这条高速公路的扩建，就必须让这片自然丛林就此销声匿迹。

　　我曾有幸亲眼见过这片尚存的原始丛林，并在丛林的陪伴下度过了一段难忘的时光。也正是在那里，我才有机会对这场环境保护大戏中的关键人物进行了采访和拍摄，同时彼得·纽曼、电影制片人琳达·布拉格（Linda Blagg）也和我共同制作了一部纪录片来讲述这段精彩的故事。琳达·布拉格是由我的女儿卡罗琳娜（Carolena）协助的，她所拍摄的照片都会呈现出一些自然界的神奇特质。

　　这个传奇故事发生在几年前，主要讲述的是一个社区内数以千计的居民如何团结起来，为了保护环境生态永不言弃的故事，有一部分还涉及法庭上的斗争。为了达成目标，许多居民置他们的个人安危于不顾，甚至还有一部分居民因此被逮捕。其中最重要的两个代表人物是经营着"拯救贝利亚尔湿地"组织的凯特·凯利（Kate Kelly）以及"重新考虑联结通道修建"组织的负责人金·德拉夫尼克斯（Kim Dravnieks）。此外，人们还注意到，这场运动的大多数领导人都是女性，而凯特和金是其中意志最坚定、最富有激情的两位。

在采访凯特·凯利的时候，我及其团队有机会目睹了这些被保留下来的自然丛林的壮观景象。凯特绘声绘色地讲述了她带领人们穿越丛林以及观察这片地域是如何影响他们的经历。她对这些树木和湿地的雄伟壮阔娓娓道来，它们已经成为她心中教堂一般神圣的存在。同时她也提及了自己多次私人导游陪同散步的经历，以及湿地和林地环境会对人们产生的一些神奇影响。比如说"性格会变得温和，说话的语速放缓，会更加谨慎地对待人际关系。"总之，这些自然环境的滋养能够帮助每一个人成为更好的自己。

珀斯地区拥有种类繁多的地域性特有物种，是生物多样性的热点地区，那里的植物种类尤其丰富。在这样一个小范围的区域内也能发现许多物种，兰花（Orchid）、袋狸鼠（Bandicoot）和蓝舌蜥蜴（Blue-tongue Lizard）比比皆是，当然，还有我及其团队采访拍摄凯特·凯利时所看到的高大雄伟的树木——白千层属植物（Paperbark）和沼泽班克西亚（Swamp Banksia），都可以在这里找到。并且在这里，鸟类和其他动物也是非常奇妙的。我在一次采访中穿过灌木丛时，遇见了虹彩吸蜜鹦鹉（Rainbow Lorikeet）、红叶莺（Red Wattlebird）、黄翅澳蜜鸟（New Holland Honeyeater）和澳大利亚渡鸦（Australian Raven），并且还听到了它们的叫声（澳大利亚渡鸦拥有我最喜欢的声音之一）。幸运的游客可能还会听到森林红尾黑凤头鹦鹉或者更为罕见的卡纳比凤头鹦鹉聒噪的声音，这两种鹦鹉都是居住在大珀斯地区的物种。除此以外，还有第三种黑凤头鹦鹉

（Black Cockatoo），即鲍丁鹦鹉（Baudin's Cockatoo），也是在西澳大利亚的西南地区被发现的，但数量较少，这一物种也仅限在那里的森林栖息地生存。需要注意的是，这三种鹦鹉目前都处于困境当中：根据西澳大利亚的《生物多样性保护法》，卡纳比凤头鹦鹉（Carnaby's Cockatoo）被列为濒危物种，森林红尾黑凤头鹦鹉（Forest Red-tailed Black Cockatoo）和鲍丁鹦鹉（Baudin's Cockatoo）被归类为弱势群体。[3]诸如班克西亚原始森林此类栖息地的逐渐消失，是导致这些鸟类数量减少的主要原因。因此，它们便成为阻止"高速公路扩建"进程中引人注目且令人信服的吉祥物。

图 10-1　凯特·凯利站在一片古老的班克西亚森林中，她是拯救这一重要鸟类和野生动物栖息地的关键领导之一
（图片来源：蒂莫西·比特利）

最终，通过社区居民们多年的努力，高速公路和货运连接通道的修建工作被迫叫停，剩余的原始林地被保留了下来，并且迎来了新一任的州政府上台。然而，在州政府选举前的几个月里，总理加速了对土地的清理，不幸导致这片原始林地几近一半被残忍破坏。有些社区居民认为这样的做法是很卑鄙的，因为总理在社区明确反对的情况下依然决定加快丛林的清理，而西澳大利亚州政府对这次和平抗议运动的反应也十分强烈。骑着马执勤的警察粗暴地对待抗议者，甚至逮捕了其中的许多人，这也进一步引发了关于和平抗议的法律与道德范围的划分以及这部分权利应该何时得到制约管束的一系列未决问题。

为了让更多的人亲身感受到即将消逝的生态环境危机，许多社区论坛相继成立，同时许多导游也带领居民们穿越古老的原始林地，让他们亲眼见到了这片自然环境的美丽。在游行中，抗议者们拿着记录有这即将消失的丛林绚烂夺目的彩色照片，其中一位还用无人机为丛林拍摄了鸟瞰图，为这片原始丛林的壮美景象与遍布范围以及即将发生的森林砍伐程度提供了一个非同寻常的有利参考视角。

金·德拉夫尼克斯（Kim Dravnieks）谈到了一种在抗议运动中实施的非暴力直接行动理念。她说，在许多方面，人们"走出自己的舒适区"，并会竭尽所能地提供帮助。数以百计的人将出现在现场进行抗议，他们通常是在前一天晚上收到短信提醒的。在某一天，大家会响应号召，穿戴好所属职业或工作的制服出现，就比如医生到场，脖子上要挂着听诊器。年轻人也纷纷响应号召，占领了原始树林好几天。

这场运动为和平示威活动提供了许多可利用的创造性工具和策略。例如音乐，音乐家们经常在现场进行制作或演奏（他们甚至特地为这片原始林区录制了一张音乐 CD），还有原创诗歌和现场朗诵。此外，德拉夫尼克斯还提及了幽默感发挥的关键作用，这一点真的能够引发很多人的共鸣。抗议者身着代表黑色鹦鹉的服饰，其中一名抗议者在购物中心走到总理面前并大声问道："究竟哪条路能通往我的补偿目的

图 10-2　围绕罗伊 8 号公路扩建项目的抗议活动对居民来说是情绪化的，往往以与警察的暴力冲突告终

（图片来源：Nancye Miles-Tweedie）

地？"——这其实是一个较为荒诞的表述方法：州政府实际上可以取代或补偿这些不可替代的区域。还有那些穿着比基尼的抗议者，他们在海滩上与总理亲密接触，巧妙地展示写在手臂上的抗议信息，总理根本没有注意到这一点，但却被摄影师捕捉到了。

"非暴力直接行动就是这样的，"德拉夫尼克斯说，"人们总会萌生出一些新的想法并将它们落实到行动中去。"其中最有创意的活动之一就是长达一小时的"沉默抗议行为"。一千多人出现在珀斯市中心，在沉默中进行抗议。还有一个人想到了用小块的蓝色布料来代表残存的原始林区，这些布料钉或别在衣服上也成为常见的现象。即使在今天，许多抗议支持者仍然会把这些小块的蓝布别在他们的衬衫或者外套上，以示团结，并意在表明拯救"残存原始丛林"的价值。

另外，德拉夫尼克斯还提到了抗议运动的长期遗留问题以及学会集体站出来维护他们坚定相信的美德和价值观的社群组织。"它向人们展示了如今的非暴力反抗行动，"已经不仅仅是那些一百年前女权主义者不得不从事的事情。她还表达了有能力站出来去反对一些大错特错事情的感受以及她从自身立场中所体现的自豪感。"我看到孩子们会为他们的父母所坚定持有的立场而感到非常自豪。"

大自然的力量贯穿于整个故事，是非常重要的希望的象征，尤其是在城市环境当中。这场抗议运动最终成为一次大规模的意识提升活动，对许多人来说，这既是一次对周围美丽自然与野生环境幡然醒悟的过程，同时也培养了他们积极参与保护心爱之物的能力。往更高层次理解，这更像是一个机遇，养成了人们关注更大更广世界的精神意识，超越了短期思维以及自身利益。

此次进行的丛林清理工作更像是一次公共暴行，许多人看着推土机在几分钟内推倒了有着数百年历史的树木。居民与抗议者们甚至目睹了袋狸鼠、蛙嘴猫头鹰和其他动物由于森林砍伐而流离失所或被杀害。然而多数时候，野生动物所遭受的折磨以及它们承受的痛苦却并不会被感受或被看到。科廷法学院（Curtin Law School）的休·芬恩（Hugh Finn）教授也参与了反对 8 号高速公路项目扩建的运动，他与其他人一起研究了这些项目带来影响的严重性，并在最近发表于《野生动物研究》的一篇文章中将这样的严重影响称为"看不见的伤害"。此外他和同事纳希德·斯蒂芬斯（Nahiid Stephens）推测，昆士兰州和新南威尔士州的伐木情况可能会导致每年有超过 5000 万只动物被杀害。[4]

贝利亚尔运动及其胜利的长期影响还有待进一步考证。现在有一群消息灵通，并且被这场政治胜利所鼓舞的选民，他们也许会成为未来推动环保事业发展的一股强大动力。值得一提的是，监测这种更加强大深刻的公民环境主义的培养如何在未来的冲突和规划中发挥作用，这将是一件有趣的事情（也许还会是一个很好的研究项目）。那人们不禁要问，到底应该如何运用与自然的情感联系以及对自然的深切关怀才能应对森林砍伐和栖息地破坏等更大的全球威胁、拯救贝利亚尔湿地的行动能否成为阻止婆罗洲或者撒哈拉沙漠以南的非洲地区甚至澳大利亚其他地区丛林清除行为的力量源泉？在我看来，培养保护意识并且践行保护行动注意必须延续到其他地方，尽管允许这种情况发生的确切机制和过程还有待进一步探索。从印度到美国再到英国，诸如此类公众和草根阶层对城市树木和森林的消失以及依赖它们生存的鸟类和野生动物的挑战抗议正在世界各地发生。从英国的谢菲尔德到孟买，诞生了一种新型乐观行动主义，他们表示受够了这样的情况，并提出了关于城市自然环境中这些重要的、惹人喜爱的元素消失现象的质疑。

在珀斯地区还有一些州政府竞选之后的重要任务，包括将这些原始森林的所有权从州公路部门正式移交给园林部门。同时对于那些林木已经被砍伐、植被遭到严重破坏的地区，还要进行重大的恢复以及重建工作，其中大部分工作已经开始。比较遗憾的是，一些越野车的行驶跨越已经阻碍了重新萌芽植被的生长，但从长远来看，这片林地再生的前景还是相当不错的。

与此同时，将这片剩余的原始林区连接拓展成一个更大的生态廊道的想法正处于势头强劲阶段——鉴于该生态廊道将从贝尔利亚湿地一直延伸至海岸，因此被称为"从湿地到海浪"的概念。这是一个充满希望、前路光明的倡议，尽管有人怀疑一个更广阔的生态概念能否将各种各样的公园和绿地编织成一个更大的"丛林绿网"，这个"绿网"也许会延伸到印度洋，也许还会将自然保护、海洋保护尽数全面地纳入自己的管辖范围之内。

彼得·纽曼告诉我，州政府一直都坚定不移地坚持要修建高速公路的这一决定，而植被的再生工作也在紧锣密鼓地进行中。纽曼说："我们拍摄的地方的确令人印象深刻。"[5]所以我才更加急切地想亲自去看看，并希望在接下来的几个月时间里能够再次去到那里。毫无疑问，想要让被清理破坏过的地区在生态环境和深层美感方面恢复到原来的模样，确实需要花费很多年的时间。

黑凤头鹦鹉（Black Cockatoo）的故事还在继续，并且远远超越了罗伊8号公路廊道的那片残余栖息地。预计到2050年，城市人口将达到350万，这些弱势的鸟类物种群体该如何与快速发展的大都市人口共存成为社会关注的问题，其间的影响因素有利亦有弊。森林红尾黑凤头鹦鹉和卡纳比凤头鹦鹉面临着各种城市发展威胁，其中同样包括城市化带来的栖息地丧失以及整个地区的树木、筑巢洞和重要巢穴的丧失，同时还要面临被汽车撞到的危险，甚至还有被枪杀的可能性。

当发现受伤的凤头鹦鹉时，珀斯动物园和卡拉金黑凤头鹦鹉保护中心会一同对它们进行有效救治与帮助，在那里受伤的鹦鹉会得到很好的治疗，也会尽快康复，之后还有希望被放生回归自然。[6]

2018年4月，第500只康复的凤头鹦鹉被重新放归野外。这个让人印象深刻的数字展现了救助与治疗受伤鸟类的重要性，也在很大程度上依赖于珀斯居民的承诺和善意。[7]凤头鹦鹉会在特定的康复设施中得到帮助，包括一个高达64m的飞行鸟舍，这可以用来加强鸟类飞行肌肉的锻炼，"就像一个疗愈鹦鹉的游泳池"。[8]

来看看一只名为"甜心"（Sweetie）的卡纳比凤头鹦鹉的悲惨遭遇吧，它的头部中了一枪，然后在珀斯动物园接受治疗，并且在卡拉金保护中心恢复了一年最终才被放归自然。[9]或者是听听"小帅"（Handsome）的故事，它被一辆汽车撞了，翅膀都折断了。[10]

还有一件有趣并且能够鼓舞人心的事情，在卡拉金保护中心，接受救助的黑凤头鹦鹉可能会与附近卡内特监狱农场的囚犯们有一些互动。这些囚犯在中心工作，负责建造和修理围栏以及照顾这些鸟类。[11]这是一段已经持续了大约10年的合作关系，这段经历给囚犯带来的好处似乎与给鸟类带来的好处一样多，甚至还会更多。[12]

西澳大利亚西南地区的卡纳比凤头鹦鹉在过去十年里数量减少了35%，这也以另一种形式揭示了当地鸟类栖息地的丧失情况。这种鹦鹉也逐渐将松树种植园里的坚果作为主要的食物来源，这同时也是对原始班克西亚树林衰退的一种回应。由于会严重影响鹦鹉们的生存，何时以及在多大程度上允许这些松树种植园砍伐树木的决定也受到了影响，并且导致州政府对采伐工作施加了一些限制，但自然资源保护主义者认为，这还远远不够。

保护这些神奇的鸟类是一个相当复杂的过程，但这在珀斯地区显然是可以实现的，而且这里的居民越来越热衷于把这件事情摆在首位。就像成功阻止罗伊8号高速公路的扩建一样，保护残余的班克西亚树林和原始湿地的必要性也是毋庸置疑的，它影响并塑造着居民们每天看到、听到和感受这些色彩斑斓的鸟类的能力。大家只希望能够竭尽所能去保护现有资源，并且对于恢复和找回已经失去的东西拥有坚定不移的决心。

我及其团队有机会采访拍摄到这个故事中最具代表的人物之一——诺埃尔·南努普（Noel Nannup），他是一位努格尔族的长者。我和同事彼得·纽曼以及电影制片人琳达·布拉格（Linda Blagg）一起，在弗里曼特尔的电报山（Telegraph Hill）——这个充满希望的地方会见了他。尽管电报山早在120年前就遭受了严重的砍伐破坏，但现在这里已经是一个经历了再生重建的生态公园。南努普介绍了一些原住民的传统文化遗迹以及有着深厚历史却濒临危险的原始林地，随之又谈到了政府是如何忽视这些遗迹的（甚至以一种允许忽视或直接绕过《原住民遗产法》要求的方式去构建规划项目）。南努普说，政府以蔑视的态度对待当地居民，直接把他们推到一边坐视不理。对于努格尔族人来说，这些充斥着本族历史文化的遗址是神圣的，六万年以来这些地方被持续不断地游览和占用。南努普告诉我，努格尔族人几千年来一直都遵循着一条持续流动的"精神能量线"的变化规律生活，而这条"精神能量线"其实就蕴藏在他们的文化遗址中。努格尔族人死后都会葬在它的周围，很多族人都是在其附近出生的，并且他们的一生都是在六个季节的循环周期中度过的。在那里出生的努格尔族人，每年都会回到自己的出生地。

虽然这片神圣的土地有一半遭受过被推土机摧毁的悲剧，但南努普仍然对其保持着乐观的心态。正是因为努格尔族有着这样强大的内在精神支柱，并且发挥了作用，才能通过人们的齐心努力拯救了这片土地。同时他认为未来延续发展的关键在于继续探索他所命名的"环境社会投资"工作。对努格尔族人来说，这属于他们的本能，是意料之内的一件事情，也是长期以来在自然世界培养深层的社会阅历与情感投资的结果。

"于我们而言，对环境进行的社会投资就像是延续几千年来将胎盘埋在某些树下的传统，"南努普说。"这样一来我们的 DNA 就会存在于这些特定的树木里，所以我们也会很认真地对别人说'那棵树就是我，我就是那棵树'，并没有在开玩笑。这种与环境的统一性与一体感，也许是防止生态环境被破坏的最有力方式。不过值得注意的是，我们该如何在非原住居民的世界观中充分培养这种意识，仍然是一个有待进一步探索的问题。"

对于其他城市和国家的组织与反抗运动号召者来说，高速公路项目的修建依然威胁着自然环境，而珀斯地区的环保成功案例恰巧为他们带来了希望的曙光。珀斯地区发生的故事充分证明社区居民们可以围绕不同的未来愿景团结起来发起一场声势浩大的抗议运动，最终赢得选举并使决策转向，同时还会影响其他规划与政策层面的工作部署。

通过对原始林区的暴力清除与不完美高速公路的追寻，人们重新认识到这些原始林地在西澳大利亚人生活中所体现出的共同价值以及它们在城市生活环境中所发挥的特殊作用及其必要性。这的确是一个充满希望的好消息。此外基于这一事件，最近还出版了一本名为《到此为止》(*Never Again*)的书籍，由一群教授（他们自称为"愤怒的学者"）

负责撰写、彼得·纽曼进行编辑。有一种感觉是，在更大的社区中根本不允许类似的损耗在未来发生。在罗伊 8 号高速公路的案例中，如果没有土地转让，没有更好、更强的环境保护法和适用范围更广的土地保护标准，很难判断这种集体性的抗议运动是否还会成功，但我真的希望它依然可以成功。

虽然这的确是一个充满希望的故事，讲述了一个社区是如何为了保护自然集体成功反对公路项目的实施，但它依然在其他许多地方为世人敲响了警钟。首先值得注意的，就是对于土地林地的法律保护在过去是多么的脆弱（现在也是如此）以及有关环境的法律法规是多么容易受人随意摆布。高速公路的修建工作被允许向前推进的部分原因就是其为将要消失的生态栖息地提供了补偿性的"替代抵消"，但几乎所有人都认为这些原始林地，特别是湿地，实则是完全不可替代的。

我询问南努普，他是否认为西澳大利亚的非原住居民能有机会学习并接受努格尔族人与自然世界的那种深层联系。南努普描述了努格尔族人与丛林世界共生的一体感，这种特别的联系会让州政府发起的破坏行为变得难以继续。而事实上，更多的人、更广阔的地域范围都将因此受益。

当代实践：描摹鸟类，作为图腾

我特别喜欢努格尔族人所采取的一种做法——赋予一个或多个图腾（自然界中的动物或植物）来进行学习和保护，并且相信这种做法可能会产生一些实际的保护效果。南努普向我介绍了这个有着深厚内涵的传统，也进一步介绍了他自己的图腾——铜翅鸠的重要性。南努普说，当你被赋予一个图腾时，你就要尽可能地了解有关这个动物或植物的一切。

图 10-3　在努格尔族原住民文化中，孩子们会被赋予一个或多个图腾（自然界中的动物或植物）来学习和保护。这里展示的是铜翼鸽子，这是诺埃尔·南努普的图腾

[图片来源："普通铜翅鸠（学名：Phaps Chalcoptera）（30554138873）.jpg"，由多米尼克·谢若妮（Dominic Sherony）提供]

紧接着他详细解释了铜翅鸠是如何给自己降温以及它如何挖洞贮藏金合欢树的种子。

我也一直在思考，属于自己的图腾究竟是什么样的。在珀斯的这段时间里，我遇到了许多不同的、令人着迷的植物和动物。在抵达这里后不久，就有一对黑凤头鹦鹉前来"拜访"，它们在人们的周围转圈似的飞来飞去。我其实一直都很喜欢黑凤头鹦鹉，在最近的这次游览中，我也有幸在多个地方看到了成群结队的黑凤头鹦鹉。我对它们的了解还不够多，但会努力去了解更多。虽然我很喜欢珀斯地区的动物和植物，但由于我的家是在弗吉尼亚州，所以我会倾向于选择一些更具备居住地特色的当地动物或植物来作为自己的图腾。

第十一章
鸟城气息：鸟类友好，
如何深化，何以度量？

"希望"恰如羽毛。

——艾米莉·迪金森（Emily Dickinson）

一个真正的鸟类友好型城市，除了满足鸟类种类丰富、数量繁多、密度高这几个条件以外，更应该是一个致力于减少鸟类在城市地区生存风险的城市——例如采取相应措施加强对栖息地的保护、为更好的城市建筑设计提供指导。但远不止于此，还必须做得更多，也包括但不局限于做一些不太明显的改变。

　　在一定程度上，这其实是对城市可以激发居民对鸟类产生终生热爱之情的一种认可——也是一个非同寻常的机会，而本书中所提及的其他内容也似乎都依赖于此。

　　目前许多城市已经制定了保护生物多样性的相关策略，朝着创建人与自然和谐相处栖息地的方向努力前进。这些策略在一定程度上解决了鸟类的问题，促使鸟类能够受益于许多当地保护生物多样性的关键措施，无论是修建更多的绿化带和保护区，还是重建野生动物园与后院。更多的城市，应该效仿不列颠哥伦比亚省温哥华市的做法，制定有关鸟类保护的独立政策。

　　温哥华立志成为"世界上最环保的绿色都市"。它的"绿色都市行动计划"将城市居民的生活与自然环境的发展紧密联系在一起，并为此设定了目标和指标。该计划包括亲近自然的目标（所有居民在 5 分钟的步行范围内就会到达一个公园或绿地）、栖息地生态环境恢复与每年植树的指标（每年 15 万棵）以及树冠生长的目标（到 2050 年达到22%）等，当然，所有这些具体的实施方案也有助于鸟类的城市生存。温哥华"绿色都市行动计划"是一个堪称楷模的典范，目的是为设想出如何创建一个更富自然生态规模的城市。

　　也许最令人印象深刻的是温哥华市已经制定了《温哥华鸟类战略》，这是实施其"绿色都市计划行动"一系列附加计划和战略中的一部分。该战略计划于 2015 年 1 月发布，首先阐述了为什么温哥华市应该努力成为鸟类友好型城市的理由，其次相继明确了战略目标、关键机遇、关键挑战和行动领域。无论城市大小或地理位置如何，这些总体构想中的大部分都能够被其他城市采纳和运用。

该战略将这样的展望作为出发点："到 2020 年，温哥华将全年不停歇支持和保护本地丰富多样的鸟类，并在此领域成为全球领先的城市，同时温哥华居民可以在城市的每一个社区和公园里见到这些鸟类，并吸引来自世界各地的游客。"[2]

需要注意的是，该战略还提出了一个关键的前提，即鸟类能够提升城市生活的质量："鸟类视觉的高能见度与听觉的高灵敏度创造并加深了与自然环境的体验感联系，这既可以促进对自然环境管理工作的顺利开展，也能够丰富温哥华市民的日常生活。"此外，战略中所确定的关键机遇包括保护和恢复栖息地生态环境、实现鸟类友好型发展、观察鸟类繁衍生息以及发展旅游业；面临的主要挑战包括城市化导致的栖息地流失（城市森林覆盖率急剧下降）、物种入侵、家养宠物的捕猎行为和城市建筑施工的罢工情况。

同时该战略还确定了当前的行动措施和未来发展的建议。其中一个重要的提议是，在私人和公共开发项目中自发采用"鸟类友好型的景观设计和鸟类友好型的建筑设计指南"，以及在公园和绿地的建设中采用"鸟类友好型的景观设计原则"。另外战略还建议扩大全市范围有关艺术、思想、教育事业的研究和监测。最后，该战略还呼吁以鸟类为中心扩展经济发展范围，并促进旅游业的持续繁荣。

该战略规划，是一个由志愿者组成的常设鸟类咨询委员会（Bird Advisory Committee）制定的。该委员会几乎每月召开一次会议，包括许多当地和国家鸟类组织代表。据该委员会的工作人员艾伦·邓肯（Alan Duncan）说，该委员会已经让鸟类在城市中的"地位更高"。[3]

在温哥华，有一种鸟类特别值得关注，那就是太平洋大蓝鹭。自 2001 年以来，大蓝鹭每年都会回到斯坦利公园筑巢，那里大约有 85 个活跃的鸟巢。一个关于大蓝鹭的管理保护政策在 2006 年出台，这也给人们提供了从附近屋顶对巢穴部落进行监测和调查的机会。根据 2018 年的监测报告显示，这些巢穴一共孵化了 98 只雏鸟。在过去，白头鹰以及浣熊的捕食行为对大蓝鹭雏鸟的生长发育来说是一个严重的威胁。为了应对浣熊的入侵，人们在大蓝鹭巢穴群落的树木底部安装了特殊的金属防护罩，据说效果还不错。

为了让人们更多地了解到太平洋大蓝鹭，除了举办现场讲座以外，相关部门甚至还安装了一个特制的大蓝鹭摄像机，让居民们可以远程观看它们的一举一动。从3月到7月底，也就是到筑巢季节结束时，不管是白天还是黑夜所有居民可以随时看到巢穴驻地的实时动态。自2015年设立大蓝鹭摄像机以来，已有超过18万人通过其观看了大蓝鹭繁衍生息的场面。

2018年8月，温哥华举办了国际鸟类大会，吸引了来自74个国家的1600名鸟类学家与鸟类爱好者前来参加，这也是该市取得的非凡成就之一。在大会举行期间，有关于鸟类的论文和海报展示、导游引导的鸟类游览活动、许多参与式的鸟类艺术品展览以及由当地原住民成员举行的开幕游行。

在这些参与式的艺术品中包括了一幅名为《寂静的天空》（*Silent Skies*）的壁画，这幅壁画由数多名艺术家合作完成，长达一百英尺，展示了所有678种濒危鸟类小型肖像的合成图。这幅画作的创作是由一个名为"艺术家保护"的非营利组织发起的，约有160名艺术家共同参与完成了这个伟大的项目。由此所创作出的壁画作品以及一套乙烯基复制品，已经在世界各地大肆宣扬传播开来。

有关"市鸟"的选举也有助于提高城市保护鸟类的意识。正如温哥华市的艾伦·邓肯所解释的那样，2014年的第一次"选举"投票（类似于"鸟类周"）在市民中获得了广泛的关注，超过70万市民参与了此次投票。虽说市民们可以直接在网上进行投票，但该市也想出了其他一些更有创意的投票方式，包括在图书馆和社区中心放置纸板鸟屋，并将选票放入其中。那年市民们最终选择了黑顶山雀（Black-capped Chickadee）作为温哥华市的"市鸟"。

在2017年，温哥华市选择了一种永久性的市鸟，而不进行每年度的投票。这个过程首先要向温哥华人询问城市居民的素质品行（这个过程被称为"鸟语"）。[4] 一组专家根据这份调查清单，筛选出了四种能够体现这些品质的鸟类，并对它们进行投票。最终安娜蜂鸟（Anna's Hummingbird）获胜，赢得了 8200 多张选票中 42% 的选票（邓肯解释说，由于新鲜感的消失，投票数比第一次要少很多）。因此，现在这座城市拥有了一种永久性的城市鸟：安娜蜂鸟，以及其他三种被指定的市鸟（早期的市鸟选择）：西北乌鸦（Northwestern Crow）、黑顶山雀（Black-capped Chickadee）和游隼（Peregrine Falcon）。

最近，休斯敦的奥杜邦协会（Houston Audubon）也使用类似的程序步骤选择出了一种官方鸟类，在大约 60 个提名物种中创造性地组织了一系列的"支架回合"投票活动。最终黄冠夜鹭（Yellow-crowned Night-heron）在最后一轮比赛中击败了阿特沃特的草原鸡（Attwater's Prairie-chicken），成为赢家。在休斯敦鸟类周工作的协调配合下，该活动以在市政厅举行庆典仪式告一段落，而这一公告也引发了公众极大的关注。[5]

一城一鸟

越来越多的城市为了让自己成为"鸟类友好型"城市，在建立与应用某种最低标准认证系统的工作中付出了许多努力。威斯康星州鸟城（Bird City Wisconsin）效仿"美国树城"，试图通过认可城市采取的满足某些最低标准的措施来刺激当地的鸟类保护。各个城市在其所做的事情上都留有很大的回旋余地，但从栖息地保护到公共教育领域，他们所开展的工作都必须满足五个主要类别 22 项标准中的至少 7 项。其中一项标准（实际上就是它自己所属的类别）要求所有参与城市都要以某种特定方式承认并且庆祝国际候鸟日

(International Migratory Bird Day)。

　　一旦达到了最低标准，参与城市就会得到一个醒目的路标。同时所有参与城市都还将获得一面鸟城旗帜，适合挂在市政厅外随风飘扬。此外，每个城市必须每年都进行重新认证，并且有一个特别的"高飞者"表彰认证计划专门针对那些超出基本标准的城市。

　　卡尔·施瓦茨（Carl Schwartz）是该项目的执行主任，他告诉我这个项目有两个主要的口号：一个是"伙伴的力量"，另一个是"让我们的社区为鸟类和人类创造健康"。这两个口号非常重要，因为它们共同反映了这个项目的许多具体方法。第一个口号中反映的假设是，当社区中的各个群体一起工作时，每个人就算只贡献一点自己的力量都可以完成很多事情。而第二个口号则体现了人与自然的一体性，如果鸟类数量减少或受到威胁时，人类其实也处于危险之中，意识到这一点是非常重要且有价值的。

　　这样的项目是否真的能起作用？各个城市是否采取了一些原本不会采取的措施来支持和保护鸟类？将自己的城市称为"鸟之城"是否是一种得到认可的、有意义的形式？以上问题都很难说，但施瓦茨相信这个项目确实支持和鼓励了城市发展，并在考虑鸟类保护这方面起到了有意义的激励作用。与此同时该项目还在威斯康星州创建了一个城市同行小组，在这个小组中，各城市之间可以相互学习保护鸟类的措施。施瓦茨指出，虽然该项目旨在提供灵活性的达标原则，但随着时间的推移，许多城市最终会付出更多的努力，部分原因就是来自于"鸟之城"组织的推动和鼓励。对"鸟之城"申请的评审可能会导致一个有利决定的产生，但它亦能揭示一个城市其实可以采取更多的措施来保护鸟类，通常情况下，这往往也是一个机遇。"鸟之城"的批准信就是一个为未来发展提出积极建议的机会，而诸多参与城市都在寻求这些建议。

　　仅从参与程度，就可以判断该项目是否成功。现在有54个参与的地区，其中一些已取得了"高飞者"称号。

　　另外该项目还有一些重大的教育意义，比如可能会让人们在茶余饭后谈论鸟类趣事以及讨论需要采取什么措施来确保对它们的保护。几乎每天都会有人看着他的棒球帽和 T 恤衫询问施瓦茨——"威斯康星州鸟之城"是什么。也许是鸟之城醒目的标志以及鸟之城旗帜的飘扬，社区内鸟类的可见度和有关鸟类保护的地方意识逐渐提高，并且还引发了一些人际关系中必要的对话。

表 11-1
"鸟城"气氛浓郁的城市

一个城市，有……
城市鸟类保护策略
强制性的鸟类安全建筑标准
包括鸟类在内的全面的或总体的计划
一种或多种官方城市鸟类的名称
常设鸟类咨询委员会
一个或多个鸟类和野生动物康复中心
鸟类友好型的公园、树林以及绿地
许多观赏鸟类的地方和许多城市鸟类热点地区
许多鸟类伴随的步道（例如：小径、绿树成荫的街道）
许多与鸟类进行实时互动的机会（包括鸟类摄像机）
在那里……
市民能够识别辨别许多当地的鸟类
许多居民都能参与到观察和关心鸟类的活动中来
有很多有组织的观鸟活动，以及其他让赏鸟变得容易的活动
有多种不同的方式来接触并享受鸟类带来的快乐（从游隼摄像机的设立到鸟类漫步的开展）
许多业主在寻求"鸟类友好型"认证的花园
有大量的市民在寻求科学机会

感同身受，"城"思如鸟

我清楚地记得，建筑师比尔·麦克多诺（Bill Mc-Donough）以鸟类的视角来描述位于加州圣布鲁诺的Gap总部公司那些起伏不平的绿色屋顶。这让我可以想象到鸟类从上面飞过时可能会看到的景象。而麦克多诺的想法是，鸟类并不会察觉这其实是个建筑物，因为从上面看，没有任何迹象表明它会是一座人类建筑物。

这本书中描述的另一些鸟类友好型建筑甚至更加先进，它们关于生态屋顶的设计以及种植培育成为展现鸟类栖息地的重要形式。

推而广之，我想知道是否可以假装成鸟，来理解"鸟城"意味着什么。当然，我们永远无法真正体验这一点，但这个方法，还是有实用价值的，接近于著名的生态学家和环境保护主义先驱，奥尔多·利奥波德（Aldo Leopold）所说的"像山一样思考"：我们可以自上而下地，从鸟类友好城市开始思考，感同身受地从一只小鸟的角度，来仔细观察我们的城市？哪里有危险，阻碍飞行和移动的障碍在哪里？哪里有中途停留点，哪里是栖息地，哪里是让候鸟在城市中成功迁徙的能休养生息的地方？

正如这本书故事里所说的那样，城市中有很多地方，可以为鸟类提供新栖息地，从绿屋顶到后院，再到城市造林。

城市中的这些自然区域除了能够为鸟类提供栖息地之外，还为我们提供了许多功能。它们能够消纳雨洪、减少热岛、提供碳汇和吸收污染，提供其他生态系统服务。同时它们还为人类提供休息、娱乐、徒步旅行以及观赏鸟类活动的场所。由此可见，城市环境中自然生态的不同呈现形式对人们的心理健康所带来的好处是非常显著的。

当然，这些生态投资也能带来一定的经济效益。最近，由"芝加哥河之友"组织委托进行的一项研究估计了改善和恢复蓝绿廊道项目所产生的经济效益，发现这些投资每年可以带来 1.92 亿美元的收益（增加了沿河领域财产的价值）和 1600 多个全职工作岗位。[6] 其中一段名为"芝加哥野生英里"（Wild Mile Chicago）的河道修复工程已经顺利开工，竣工后有望成为"世界上第一座长达一英里的水上漂浮生态公园"。[7]

城市发展所面临的一个主要挑战是该如何重新去规划那些小而多的物理空间（例如草坪、侧院以及毗邻城市建筑开发的地方），然后将它们作为鸟类生存与栖息地建设的新机遇。而且同时这些物理空间也不乏为一个观察鸟类繁衍生息的好去处。

我不禁对像圣路易斯这样的城市如何保护仅存的原始大草原的故事而倍感振奋鼓舞，这片原始草原位于加略山公墓。根据密苏里州自然保护部门艾琳·尚克（Erin Shank）的说法，在这片仅存的草原上曾进行过一次人为控制性的焚烧工作，这是十分必要的，因为这有益于草原植物的发芽以及确保这片不同寻常的绿洲能够帮助鸟类和昆虫的生长发育。[8] 这片原始草原的面积只剩下 1%，但它依然为保护和欣赏这座城市的生物多样性提供了一个难得的机会。我不知道圣路易斯是否有居民会去加略山观赏鸟类活动，但那里积极良好的栖息地管理工作已经表明，这将是一个探索鸟类奥秘的绝佳之地。

一个"鸟城气氛浓郁"的城市，生机盎然，鸟语花香，这个城市当中的人们也能够去到许多趣味横生的地方散步、远足和漫步。就像是新加坡还有新西兰的惠灵顿这样的城市，它们拥有纵横交错的城市步道网络，在这些步道上人们经常可以看到不同寻常的、引人注目的城市内外景象。

鸟类友好型城市必须为鸟类远行提供广阔的场所，但同时也必须帮助组织相关活动，以此来推动居民的积极参与。这可以由当地的园林部门和自然中心或者私人组织与非营利组织进行负责。前者的一个案例是园林部门组织开展的克利夫兰大都会公园鸟类春季迁徙活动，这是该市一直以来的传统。后者的一个案例则可以在密尔沃基城市生态中心组织的观鸟活动中看到，该生态中心是一个专注于鸟类研究的非营利组织。

对城市步道网络的建设工程进行投资，可以在许多方面产生变革性的影响。旧金山就是一个鼓舞人心的例子。旧金山市目前正在庆祝"修建旧金山海湾步道"的 30 周年纪念日，这是一条环绕旧金山海湾的公共步道，穿越了 9 个县城和 47 个城市，并以此作为桥梁建立了许多能在那里找到的鸻鹬类鸟类与这片水生栖息地之间不同寻常的联系。这条步道还没有完全建成——建成后的步道将长达 500 英里，其中最值得称赞的 350 英里目前已经修建完成，令人印象深刻。我最近和劳拉·汤普森（Laura Thompson）进行了交谈，她在过去的 15 年里一直为旧金山海湾地区的政府协会管理这个项目。[9]通过与她的对话，我了解到这条步道为人们创建了近距离接触鸟类和观鸟的途径，在这方面其好处是尤其重要的。劳拉·汤普森告诉我，海湾步道的修建确实有助于鸟类爱好者的露面，就像是帮助他们来到这里的交通工具一样。来自全国各地的鸟类爱好者都参加了旧金山海湾的飞翔节，其中大部分是在海湾步道沿线的地点。

在一个精神疾病和抑郁症空前严重的时代，在大自然中骑行和散步是一种非常有效的缓解方法。最近，英国的一项关于"自然集体漫步"的研究发现，人们在减少精神压力或缓和抑郁症状方面拥有很强大的能力。同时，这项涉及 1500 多名参与者的大型研究还得出这样一个结论："自然集体漫步以及经常性的自然集体漫步与感知压力、抑郁和消极情绪的减少有关，并与积极情绪的增加和精神健康的维持有关。"[10]

由此可见，在大自然中行走对人们的心理健康有很大帮助，因此在任政府官员、城市规划者和公民倡导者都应该努力提高城市中此类机会的实用性。如今，从个人经历到家庭生活，都会面临各种各样的压力事件，比如自然灾害和离婚，还有失业，而这些事件往往会让人感到精疲力竭。这项研究和其他研究提供的相关证据表明，这种"自然漫步"可以帮助人们消除或减轻压力事件对心理健康造成的影响。

城市公园为鸟类提供了极其重要的栖息地，同时也是人类高质量生活中必不可少的便利场所和基础设施。佐治亚州亚特兰大的皮埃蒙特公园就是一个很好的例子。最近，我和妮基·贝尔蒙特和亚当·贝图尔来到公园的雨燕塔附近，那天克利尔河畔的每一处角落都充斥着鸟儿悦耳动听的声音。在短短的时间内，贝图尔就计数统计出了29种鸟类。在亚特兰大这200英亩广阔无垠的大都市中心，未来生态环境的发展衍生价值是不可低估的。

　　人们需要更多更大诸如此类的城市公园。因为它们不仅是鸟类重要的停靠中转站，而且还为居民们提供了观赏和体验鸟类活动的绝佳机会。除此以外，人们还需要仔细研究在更加开阔的绿地环境中会发生的一些生态变化（比如多伦多的葡萄藤蔓），并更有效地控制入侵植物，恢复本地原生树林和林下植被的生长，以此为鸟类提供最佳的栖息地。正如贝图尔向我解释的那样，在画眉鸟继续从亚特兰大向南迁徙

图 11-1　在佐治亚州亚特兰大市皮埃蒙特公园举行的庆祝仪式
[图片来源：亚特兰大奥杜邦的杰西·帕克斯（Jessie Parks）]

的过程中，人们需要确保那些富含浆果的植物能够产出果大汁多的浆果以供画眉鸟享用。城市公园就能够在这方面给予极大的帮助。

　　每个城市都有机会修复或是重建鸟类的栖息地，通常是通过创新性的方法对城市基础设施和景观进行再回收和循环利用。伦敦的沃尔瑟姆斯托湿地（Walthamstow Wetlands）就是一个很好的例子。这是一个与城市紧密相邻的地方，在伦敦坐地铁很快就到了，大多数人也许不知道这里曾经是一处工业用地和自来水厂，但现在已经成为一个很受欢迎的热门观鸟景点和鸟类重要的栖息地。除了伦敦，另一个很好的例子是，旧金山也在努力将数千个工业盐池改造为自然潮汐湿地。■

　　建筑外墙、玻璃以及城市照明的危害在大众媒体中的表现从未如此突出，旧金山和芝加哥等城市已经采用或正在考虑使用强制性的鸟类安全建筑标准，这是非常振奋人心的。诸如体育场馆等新建筑的设计采用了鸟类安全玻璃，值得提倡；另外有关密尔沃基雄鹿队费瑟夫论坛的故事也是一个重要的成功案例。目前这些问题已经得到了重视，并且发展势头迅猛，这在很大程度上归功于国家奥杜邦协会等团体多年来坚持的倡导工作。同时联邦立法已经出台相应政策，将为所有联邦和联邦资助的建筑制定相关鸟类安全设计的要求——如果能够成功实行，这将会带来巨大的积极影响。

　　众议员迈克·奎格利（Mike Quigley，来自伊利诺伊州的民主党人）与众议员摩根·格里菲斯（Morgan Griffith，来自弗吉尼亚州的共和党人）是《2019 年联邦鸟类安全建筑法案》（HR 919）的共同发起人。在不影响预算的前提下，该法案强制要求总务管理局取得的所有新建筑或重大修复工程都必须使用鸟类安全材料和鸟类安全设计，但历史建筑除外。该法案要求至少 90% 的玻璃幕墙——在 40 英尺高度以下，使用鸟类安全材料（例如，带网玻璃、图案玻璃或紫外线反射玻璃）来处理，40 英尺以上的玻璃至少有 60%，也有一些关于室外照明和监控的规定。2020 年 7 月，

HR919 条款在美国众议院获得通过，这是一项了不起的成就，也让人充满希望的理由。纽约州议会通过了一项类似的法案，表明条款另一个有希望的方向是用在州政府投资的建筑上。

保护鸟类免遭危险建筑与玻璃的伤害是非常必要的，城市规划在这方面必须做出更多实质性的工作。"绿色屋顶"的概念越来受人追捧，其重要性与受欢迎程度是成正比的。像安大略省的多伦多市、旧金山市、俄勒冈州的波特兰市以及最近的纽约市等鸟类友好型城市都采取了强制性的屋顶绿化要求。这是积极正确的一步，但必须保证这些屋顶的设计和为其选择栽种培育的植物将最大限度地提高鸟类栖息地的价值。同时人们依然需要继续对城市中鸟类栖息地的选址与安置进行一个重新设想与规划。正如纽约的贾维茨会议中心与温哥华会议中心等大型设施中所展现的那样，野花与草甸均可以在这些大型屋顶中种植存活。

尽管本书的大部分内容都在集中讨论城市对于鸟类生存的重要作用，但同样重要的是，要意识到房主（和公寓租户）作为个人，也可以做通过做很多事情来帮助鸟类，这些个人行动甚至可以产生更为明确、直接（而且往往是相当直接）的影响。例如像波特兰的"猫院巡回演出"，这样精彩纷呈的项目向人们展示了更多的可能性以及单凭个人力量如何能为减少对鸟类的威胁作出重要而切实的贡献。

正如丹尼尔·克莱姆、迈克尔·米苏尔等人迫不及待表明的那样，所有的建筑物，尤其是郊区的住宅房屋，对鸟类来说都存在着一种撞击的危险，因此每个房主或公寓住户都能为保护鸟类付出更多努力，通常都是做一些很小的事情，比如改造一下窗户和玻璃门，使鸟类能够清楚地看到它们，以此减少建筑物对鸟类的威胁。这些做法所耗费的成本是最低的，但其潜在的累积效应却是巨大的。

令人欣慰的是，目前某些行动已经取得了一些实质性的进展，尽管规模还很小，但已经考虑到了公共基础设施在生态层面的价值，比如桥梁的建造——从一开始就被设计成可以容纳蝙蝠、建筑外墙以及其他各种形式生命体的结构。我特别欣赏建筑师乔伊斯·黄（Joyce Hwang）创作的"居住地"这一作品，他大胆将建筑外墙重新定义为栖息地外墙；同时 Terreform ONE 为曼哈顿的一栋新办公楼设计的蝴蝶墙造型也同样让人激动。[13] 但人们仍然无法适应，也很难和那些找到方法进入自己家中的野生动物共同生活，比如烟囱雨燕。雨燕保护组织的爱德华·梅尔（Edward Mayer）说，人们对无害的东西总是缺乏宽容，但却不止于此——这也会失去每天感受快乐、惊奇和喜悦的机会。

城市在未来发展中仍需要加倍努力，以确保公园和各种绿地植被的种植和维护工作顺利进行，这才能使鸟类的利益达到最大化。对公园里的植被进行重新野生化是很重要的，而建立部分禁止修剪区将有助于增加一些捕食受阻昆虫的食物来源。此外，使用正确的方法积极管理公园和绿地保证本土原生植物和树木物种的正常生存也是非常重要的。还有一则鼓舞人心的消息：最近的研究表明，在一个区域内，当入侵植物受到有效控制时，此处的林下植被会相对较快地恢复生长。[14] 另一项关于郊区社区啄木鸟的研究则建议保持最低的树木覆盖率（20%），并在公共绿地和庭院中留下大型落叶树木和树桩断枝。[15] 与此同时，房主也应该贡献出一份力，他们的努力可以得到"后院栖息地认证项目"的成功支持，比如波特兰的认证项目。

在城市或郊区每一块开放和可用的空地上，无论是公园还是绿色屋顶，都可以而且也应该种植本地原生植物和树木，这将大大有助于鸟类栖息地的建造以及食物网需求的满足。很少有人能像特拉华大学教授道格·塔拉米（Doug Tallamy）那样直言不讳地积极支持本土植物的培育工作。[16] 为此他还给出了一个令人信服的理由：如果我们热爱鸟类，我们就必须种植能够维持其基本食物来源的树木和植物（比如本土浆果），特别是毛毛虫，它们为幼鸟的生长发育提供了充足动力。非北美本地原生的树木，就好比银杏树，可能它们看起来生机勃勃，但对于鸟类而言它们几乎没有任何价值，也无法"养育"任何一个品种的毛毛虫。

生物进化导致了本土植物和野生动物之间相互依赖的特殊关系。例如，几乎所有的蝴蝶和飞蛾都要依赖于特定的宿主植物才能生存。相比之下，原产于美国东部的白橡树为500多个物种创建了更多的生物量，也为成长中的雏鸟提供了大量的食物来源。塔拉米认为，种植本地原生植物是必要的，但更重要的是必须确保在生态学上具有生产力的关键物种的种植率达到5%—7%。而且他还告诉我，这些植物能够为鸟类提供75%以上的食物。此外他还指出，不同地区的本土植物是不一样的，在线数据库（例如奥杜邦的本土植物数据库）可以帮助房主和城市选择属于其特定地区的本地原生植物和树木物种。[17]

塔拉米说，这些还远远不够，我们必须要做的还有很多。因为毛虫蛹（Caterpillar Pupae）的部分生命周期主要依赖于树木下面的土壤，人们必须管理好庭院和公园的环境，使这些区域更具自然性和生物多样性。树木底部周围的土壤是种植野生姜等本地原生植物的绝佳场所，对于这些区域，使用一些分层的培育设计是最好的选择。塔拉米告诉我，城市公园的设计方案更多是便于日常维护，并没有为生物多样性的发展考虑。他还告诫说，根本没有必要把草种到橡木的边缘。

人们对郊区草坪的概念理解在逐渐演变，那是因为人们意识到可以创建鸟类友好型景观，减少不必要的修剪工作。这将使用更少的资源，也有助于创造生态热点，让蜜蜂、昆虫和鸟类找到栖息环境。塔拉米认为，房主应该把他们的院子重新想象成一处重要的栖息空间，并且建议以原生环境作为目标将至少一半的院落面积进行改造，以供本地原生植物的生长发育。另外他还表示，这一行动将在本地增加大约2000万英亩的栖息环境，这才能真正帮助到鸟类，并将这些区域生动地称为"土生土长的国家公园"。这些新的庭院栖息地可以为鸟类提供重要的栖息场所，同时也能成为许多

图 11-2　俄勒冈州波特兰市的两名房主站在他们的猫院前。他们的后院也通过了波特兰奥杜邦的后院栖息地评估项目
（图片来源：蒂莫西·比特利）

不同物种的"生态走廊"。

在北美大约存有 3300 个物种，而外来入侵植物对鸟类的正常生存来说是一个严重的问题。因此，就像距离我家一街区之隔的公园那样，那里被非本地原生的物种所覆盖，如小白屈菜，它能开出美丽的黄花，但对当地野生动物来说这种黄色花朵是有毒的，不可食用，对鸟类来说也不具备有效的生态价值。外来物种抢占并替代了那些重要的本地物种。虽然鸟类会食用一些非本地原生植物的浆果，但这些浆果往往缺乏本地浆果的脂肪含量和营养价值。

塔拉米强调，还需要解决人造灯光的照射问题，并指明即使公园和城市区域种植了本地树木和植物，但当它们受到过度照射时，它们在生物学上仍然不具备生态价值。人类需要昏暗的天光，就像地球上的昆虫和鸟类需要维持与夜空的联系一样。"照明是关键，"塔拉米说，"那些关键物种在自然环境下工作得非常好，但是当你用灯光包围它们时，就像我们现在到处做的那样，它们就不再工作了。因为飞蛾进来了，它们会在灯光下被杀死，当你开着灯的时候，你就没有一个数量繁多的飞蛾群体来喂养鸟类了。"对于房主来说，室外照明灯光的选择也很重要——也许对城市来说也是如此。塔拉米推荐使用黄色 LED 灯，因为它对昆虫的吸引力最小。"这样你就能马上停止整个夏天在灯光下的杀戮。"

我发现了一个有趣的现象，在美国和世界各地的许多城市，人们通常会通过类似像发起抗议行动这样的努力去保护树木，但很少有人会考虑到或提到鸟类对于树木的重要性，即使从树木的栖息环境和生长发育的视角来看，鸟类才是最具生机活力的影响因素。

随着气候的不断变化，城市温度将继续变得更加炎热，当人们重新许下保护城市鸟类的承诺时，也需要考虑设计和规划相应的解决方案，以帮助鸟类和其他城市野生动物在高温环境下继续生存下去。保护和扩大城市树木的树冠无疑是其中重要的一部分。人们需要设计能最大限度降温的自然空调和散热装置，包括更好地了解自然风并充分利用自然风和风向的方法，这在德国的城市中是很常见的。[18]

美国得克萨斯州的达拉斯市就是一个很好的例子。根据康奈尔鸟类学实验室的研究人员的说法，对迁徙鸟类群体而言，达拉斯是最危险的三大城市之一，[19] 达拉斯目前正开始制定一项令人印象深刻的植树战略规划，这也将有助于鸟类的繁衍生息。作为美国首批进行城市全面热研究的城市之一，达拉斯计划种植 25 万棵绿植。之所以选择这一战略，是因为相关模型显示了树木将会是对抗城市高温最有效的方式（例如，与反射性反光建筑材料相比）。[20]这些模型似乎表明，充足的树冠可以使夏天的环境温度降低多达 15 华氏度，这对鸟类生存和人类发展都有好处。如果这些树冠是本地树种，那就更好了。

确保城市中有水源对鸟类来说也是至关重要的，这可以采取多种形式，包括修复流经城市的河流河道以及将铺设在地下管道中的溪流和水道带回到地表（或者用通常的设计术语来说是"采光"）。这样做的理由有很多，好处也很多，但同时这也是让城市更适合鸟类居住的部分原因。

城市在使用公共喷泉和各种包含水源的城市景观设计来引水的方面也有着悠久的历史。这些设施在设计时根本没有考虑到鸟类或其他城市野生动物，这是一个错失的机会。而事实上，它们可能经常会对鸟类构成威胁。当我与艾德·梅尔（Ed Mayer）讨论伦敦最常见的雨燕所面临的危害时，他提到，在英国，任何喷水的景观设施都必须用化学物质溴进行处理，以预防军团病。艾德·梅尔告诉我，公共喷泉实际上是有毒的，即便它们没毒，喷泉边缘的设计也不能让鸟类轻易接触到水面。

在澳大利亚西部的珀斯市中心，一个传统的城市水系——无菌、高氯化和能源密集型——被改造成了一个天然湿地。这一成果真的很了不起，它将鲜活的原生湿地生物自然和丰富的生物多样性带到了这座城市的中心。其巧妙的设计包括引入原本就可以控制蚊子的本地鱼类物种——侏儒鲈鱼，除此以外它还有一个公共舞台，那里已经成为举办音

图 11-3　西澳珀斯市区的城市湿地。在这里，光秃秃的水景变成了原生栖息地湿地，哺育着鸟类和其他原生野生动物
（图片来源：蒂莫西·比特利）

乐会和活动的热门场所。设计师乔什·伯恩（Josh Byrne）将这个地方称作"神奇之境"。毋庸置疑，它取得了巨大成功，同时也为鸟类和人类的和谐共生提供了更好的方法。

建筑规划，景观设计，考虑护鸟

　　我在建筑学院任教了 30 余年，有时会惊讶于设计专业为学生提供的有关鸟类友好设计的原则、实践机会以及如何了解鸟类的需求方面的相关信息是多么得匮乏。建筑师、景观设计师和城市规划师都有特别的机会和能力去影响或改变城市环境和建筑景观的设计，能更好地考虑鸟类的需求。目前我了解到，除了我自己开设的"城市与自然"这门课之外，学校里还并未开设其他与鸟类有关的课程。

然而，在专业领域以及学术界，这种情况正在往好的方向转变。自 2017 年至 2018 年担任美国建筑师学会（AIA）主席的卡尔·埃莱凡特（Carl Elefante）经常都会把与鸟类的相关东西挂在嘴边。在弗吉尼亚大学的一次客座讲座和录音采访中，他被问到"多物种设计理念"这一想法。经过深思熟虑之后，他雄辩有力地表达了自己的观点：人们必须首先为人类做好发展规划和设计，要明白人类也是生物，是自然界的一部分，并不能脱离自然而存在。用卡尔·埃莱凡特的话说：

> 人们第二个应该真正考虑的物种就是鸟类。现如今的城市发展正在以无声的形式将数以百万计的鸟类逼上绝路，而这完全是意料之外的结果。没有人会说，让我们在设计建筑物的时候要想办法杀死尽可能多的鸟类。但事实却是，正是因为这样的无知，人们所建造的建筑物每年都会间接杀死数百万只鸟类。[21]

这刺激了一项有力有效准则的诞生，同时也呼吁了相关保护行动的开展。必须确保每一个有抱负的建筑师或设计师在进入职业生涯的早期就接受这样一个挑战：让他们首先充分了解鸟类并仔细思考他们的设计将如何对鸟类生存产生一系列积极或消极的影响。同样需要给予重视的是，在进行建筑规划设计时必须将"鸟类导向"作为一项主要的目标，而不是把与鸟类相关的注意事项放置外围边缘考虑。

从积极的角度来看，由于受到珍妮·甘和布鲁斯·福勒（Bruce Fowle）等设计领袖工作的影响，建筑界内的一些事情正在悄悄发生变化。纽约奥杜邦的科学和研究主任苏珊·埃尔宾告诉我，美国建筑师协会一直以来都在为制定和通过鸟类安全条例的工作努力奋斗着。

也许在未来，肯定会发生也必须要做的一件事就是开发和推广一套新的建筑设计美学。这套美学将质疑人们对密封的、闪闪发光的、以玻璃镶嵌装饰的建筑的狂热崇拜之情。因为这样的建筑物不仅是捕鸟机器，而且还是能源的大量消耗者与温室气体的重度排放者。

一些造型有趣、看起来激动人心的新型建筑在建造时已经将保护鸟类纳入了最重要的考虑范畴。比如芝加哥的水之大厦（由一个工作室进行设计）和乔治亚州亚特兰大英特菲斯总部的边缘改造（由佩尔金斯和威尔设计）。我觉得这些新型建筑的造型很独特，看起来很美，而且结构外观设计并不会对鸟类造成致命的危害。同时我也认为，鸟类对建筑的设计是有益的。在设计建筑和规划社区时，如果考虑到鸟类的生存发展，也许会设计创作出更多有趣的建筑和更有地域特色的区域。例如鸟类友好型城市，就是一个更富趣味和更有价值的地方。

还有一些迹象表明，开发商和一些发展中国家似乎对鸟类更感兴趣。其中最好的但肯定不是唯一的例子，是位于英国艾尔斯伯里的金斯布鲁克（在第四章中有详细讨论）。由于邦瑞房产商和皇家鸟类保护协会之间达成的通力合作，那里建成了成千上万的鸟类以及野生动物繁衍栖息的友好家园。与此同时，人们仍需要在房地产开发公司与鸟类及其他野生动物保护倡导者之间探索出更多形式的合作关系。

但更多时候，鸟类对于建筑物的作用似乎只是通过色彩缤纷的鸟类图片来装饰点缀灰暗的建筑外墙与项目设计。就像我最近看到的那样，几乎每一个装点了图片的外墙都有鸟儿在附近飞翔，前面、后面或者两者之中都有。但是，使用鸟类图片来推销设计想法是完全不能被接受的——现在是时候致力于从保护鸟类的角度出发去进行设计，以此为鸟类创造栖息空间，真正地保护鸟类，为鸟类在城市中的生存营造更为安全的环境。

从鸟的出没和鸣叫声音来判断一个城市

我喜欢将"鸟鸣"作为评判标准来衡量一座城市的发展进程和成功进步。对很多人来说，鸟儿悦耳动听的歌声使人沉醉，让人们的生活变得更加美好。因此许多人也会期待着黎明时分鸟群的大合唱，同时也期待着周围的鸟类发出清甜美妙的声音。

无论居民们住在哪里，都应该能听到四面八方传来的鸟鸣。他们应该都能像我一样欣赏画眉或其他动物美妙的歌喉。有一个值得一提的例子名为"西兰蒂亚"，这是新西兰惠灵顿的一项特别保护工作（在第三章中有讨论到），目的在为本地鸟类创造一个没有捕食者的生存空间。"西兰蒂亚"的宣传口号是"把鸟鸣带回惠灵顿"，这座城市中所发生的事情既可以成为一个正确又鼓舞人心的目标，并且也极大地提高了当地居民的生活质量。

除了惠灵顿之外，世界上其他城市的领导人也逐渐意识到需要将人们与鸟类世界的声音联系维护起来。印度艾哈迈达巴德的报纸评论员萨米尔·舒克拉（Samir Shukla）多年来一直在撰写关于该城市鸟类不幸陨灭的报道以及致力于突出鸟鸣的重要性。他在一篇题为《鸟鸣与城市规划》的文章中主张采用不同的标准去看待问题的本质。

> 我凝视着窗外，这本该是一个再平常不过的冬日早晨，我作为建筑师在艾哈迈达巴德建筑学院（School of Architecture, Ahmedabad）接受训练后觉得，所有的城市规划也许都应该被一个简单的测试所取代。
>
> 走进任何一座城市的花园或是校园，闭上双眼，聆听鸟儿的长鸣。如果你能从鸟鸣中判断出此时正值哪个季节，那么这就会是一个值得居住的城市。[22]

为了实现这一目标，人们需要更加专注于城市中各种不同的声音以及声音景观的规划工作。在规划和设计中，几乎只需要考虑声音的负面作用——也就是噪声，相比于以前，现在人们都知道它对健康的负面影响很大。同时还需要继续努力去减少城市中暴露的高分贝噪声，并寻找收集更多自然的声音。纽约等城市已经率先采取了相关一些的重要措施，例如强制使用较新的、较安静的电动手锤和其他建筑施工设备。同时许多城市也将嘈杂的公共园区与安静区域区分开来，更系统地考察城市中独立安静的环境，并将公园、特定的城市空间和散步区划分为静默沉思之场所。这些措施都将有助于人们听到美妙的鸟鸣，就像我的画眉所发出的动听声音那般，反之则会被城市的噪声所掩盖。

　　然而，事实上我们还没有进化到能够将自然声景（包括鸟类）理解为应该被监控、跟踪，并在可能的情况下加以培养的相关地域品质和资产。当然，这里讨论的在城市和郊区改善鸟类栖息环境的许多工作也会加强自然声景。比如城市公园的免修剪区将提升该区域内无脊椎动物的生活品质，这就将反过来提高它们的自然音质。

　　最近，一个名为"合生费城"的公民团体在费城组织开展了一次会议，讨论了目前城市人口对自然空调调节温度的需求。全球范围内的空调数量正呈现出急剧增长的趋势，而国际能源署（IEA）最近的一份报告预测，全球空调设备将在 2050 年从现在的 16 亿台增加到 37 亿台。[23]也正是由于这次会议，我也回忆起曾经在弗吉尼亚州亚历山大市的童年家园，从出生到上大学，我一直住在那里，那里是没有空调的。相反，那个地方被树木所环绕，主要是通过树木的遮阳和蒸发进行自然降温。在那里，每一家住户都有可开启的窗户（还有纱窗），天热的时候就把窗户打开，不仅有微风徐来，还有清脆的鸟鸣以及蟋蟀、蝈蝈和树蛙在夜晚的美妙歌声。由此可见，想要在城市社区听到优美的鸟鸣，也许其中一部分需要取决于如何重新发现这些以前的建筑设计策略的精妙之处以及在社区和城市层面对自然类空调进行必要的投资（例如城市植树）。

鸟鸣的流行度和吸引力最近在英国得到了证明。2019年4月，英国皇家鸟类保护协会（Royal Society for the Protection of Birds）发行了一张名为《让大自然歌唱》的混合鸟鸣单曲。这张两分半钟的唱片在英国单曲排行榜上排名第18位。阿德里安·托马斯（Adrian Thomas）录制了单曲中总共25种鸟类的叫声，他向我解释说，这样做的目的是提高人们对于鸟类所面临困境的认识，并且为2020年的北京环境峰会作准备。另外他还表示说，用事实和标准论据证明其产生的影响效果是一回事，但更重要的是，所创作出的作品同样需要在情感上打动人心，那这些鸟鸣也确实做到了这一点。利用120万会员的力量来推动单曲的预售，并知道它将进入单曲排行榜，使其成为一个重要的新闻故事，这确实有助于提升其知名度，为更多人所知晓。

近年来，越来越多的经验和研究表明，鸟鸣还有着医学治疗和减轻压力的作用，并越来越频繁地用于医院、学校和其他地方，增强环境中的自然性。英国萨里大学的埃莉诺·拉特克利夫（Eleanor Ratcliffe）和她的同事们通过不同的方法探讨了鸟鸣和自然声音的重要性。在一系列的半结构化访谈中，他们发现：诸如鸟类的歌声和叫声……这种自然声音通常与压力恢复和注意力恢复有关。[24]

目前还不太清楚为何鸟鸣具有如此好的疗愈作用，但拉特克利夫和她的同事认为，这是基于声音本身（有些声音，比如尖叫声就被视为不是特别好的声音）以及与这些声音有关的联想和记忆结合的一种表现。我的个人经历也很好地证明了这一点：我是听着画眉和北方嘲鸫的叫声长大的，因此能明白它们叫声的重要性。对我成长当地的许多人来说，鸟鸣是伴随生活的背景音乐，在无法继续与其相伴的时候，就会格外地想念它。

声音机构咨询公司的声音专家朱利安·特雷弗（Julian Treasure）参与了几个项目，包括在加油站的厕所里引入鸟鸣。特雷弗甚至开发了一款名为"Study"的智能手机应用程序，无论你在哪里，它都能提供舒缓的鸟鸣。

　　诸如阿姆斯特丹的史基浦等机场，多年来一直致力于将鸟鸣运用到机场休息区的创建工作当中。机场中来来往往的过客似乎是这种"鸟鸣性"治疗干预的主要候选人。令人印象无比深刻的例子之一是在美国最繁忙的机场——亚特兰大哈兹菲尔德杰克逊国际机场，在那里能够看到一个大型创新声音艺术装置。我在去转机的途中经过了这里，惊喜地发现了这个装置，而且还特意去参观了它。但它其实位于地下环境中，没有自然光的照射，也缺乏与外界的联系。

　　这个装置位于 A 航站楼和 B 航站楼之间的走廊上，长达 450 英尺，十分引人注目，能够带来佐治亚州森林数字感的沉浸式体验，并且有其本地原生鸟类在上空飞翔，优美的鸟鸣声伴随着淅淅沥沥的雷声和雨声。每个游客都知道这不是真实的东西，但它非常逼真，激光投影仪的使用让人们产生了一种与鸟类和自然界联系的真实感。当在人行道上行走时，成群的鸟儿从头顶飞过，这是一种真正的自然体验。一篇关于该装置中所使用技术的专业期刊文章指出，这个装置之所以有效，其中一个关键因素就是图像和声音的同步：雨水的滴答声会随着降雨量的增加而增加，微型触发器根据头顶飞过的鸟类进行声音的匹配。[25] 唯一的问题就是（至少对我来说是这样的），当人们在这里来回走动，享受这种意料之外的视觉和听觉享受时，可能会错过航班的起飞时间。

　　"飞行路径"是艺术家史蒂夫·沃尔戴克（Steve Waldeck）的作品，由纽约市 1% 的艺术计划和公共艺术总体规划提供资金，大部分资金来自机场租赁和停车收入。这个装置价格约为 400 万美元，这意味着它并非没有争议。一种希望是，这些装置和其他形式的公共艺术将吸引旅客更多地步行往返登机口——大多数经过机场的旅客（估计有 80%）乘坐连接航站楼的火车，而不是步行。

　　位于利物浦的阿尔德哈儿童医院也进一步证实了鸟鸣的力量。在一个由声音艺术家克里斯·沃森（Chris Watson）

图 11-4　亚特兰大哈茨菲尔德－杰克逊国际机场的创新艺术装置"飞行路径"，包括乘客走向登机口时空中飞行的虚拟鸟类
（图片来源：蒂莫西·比特利）

组织的活动中，人们在当地公园录制鸟鸣，并会在小患者们特别紧张的时候（例如在他们接种疫苗或手术前），将这些富有力量的鸟鸣传递给他们。

此外，在一些医院的研究中可以发现，实时传递的真实鸟鸣更有助于患者的治愈。在佐治亚州的亚特兰大，埃默里大学医院的中心有着两个小型鸟舍，里面大约养育了50只鸟。这里是病人和访客们最喜欢的地方，他们期待看到这些鸟类并听到它们的叫声，尤其是所有的非本地物种，例如雀鸟和长尾鹦鹉。医院网站上对鸟舍的描述引用了一位普通病人温迪·达林（Wendy Darling）的话，她期待着每次定期来医院复诊的时候都能够见到这些鸟儿。"有些时候，来医院对我而言都是很不愉快的经历"（每周到医院打过敏针），"但只要我知道这些鸟儿在那里，无论我可以与它们待在一起一分钟还是半小时，我都很享受和它们在一起的时光。"

鸟入社区，毗邻而居

　　为了更好地撰写本书内容，我及团队进行了多次的实地考察和一系列采访，思考如何能更有效地将居民与他们在社区中看到的鸟类联系起来，这是很有价值的。还有一个鼓舞人心的有关野生动物和鸟类友好型发展的新例子——英国的金斯布鲁克和新墨西哥州圣达菲主张新城市主义的阿尔迪亚，共同表明很大程度上鸟类是被忽视的资产和资源，即使它们可以提高人们的生活质量。在金斯布鲁克，开发商开始注意到会有一些潜在的居民被吸引加入到这个社区当中，因为在这里有希望看到雨燕以及其他鸟类并有机会与之近距离相处。而这部分人群实际上也希望能拥有一个可供鸟类居住的良好环境，包括内置的雨燕箱、蝙蝠箱、刺猬公路和野生动物友好型花园等等。此外，金斯布鲁克的经验还表明，与鸟类和自然建立起联系可以提高单元住房的销售业绩，这也能为其他建筑商与开发商提供一定的参考价值。

　　在圣达菲郊外的阿尔迪亚新城社区，有少部分热情的居民开始自发地为改善鸟类栖息环境作出努力，他们为当地受到生存威胁的杜松山雀安装了由当地高中生设计建造的 70 个护鸟箱。同时一个鸟类保护组织与一个生态文化委员会以各种方式让居民们尽可能多地参与到保护行动中来，包括组织讲座，在社区内进行本地原生景观展示和水源管理活动，以及安装护鸟箱并在筑巢季节通过"巢居观察"计划对其进行监测。这项工作使鸟类成为一种加深人们与自然景观、场所联系的方式，并且也在一定程度上促进了人际交往活动。

图 11-5　新墨西哥州圣达菲附近的阿尔迪亚新城的居民收养了受到威胁的杜松山雀（Juniper Titmouse），并为这些鸟安装了巢箱
（图片来源：蒂莫西·比特利）

观察巢箱已经成为居民们一种户外锻炼的形式。一位居民告诉我，巢箱沿着一条近两英里长的人行环路排列，这能够让她真切地走进大自然。

而居民的劳动与志愿者的付出对于鸟类的保护工作来说也是不容忽视的。在我与阿尔迪亚"巢居观察"计划的志愿者会面时，他们很快就着重强调了他们的工作有多么重要，尤其是在了解杜松山雀的生物学特征方面。正如其领队唐·威尔逊（Don Wilson）所解释的那样，他们对鸟巢观察所产出的报告占据了关于这个物种所有信息的 92% 左右（根据康奈尔鸟类学实验室）。[26] 像这样社区内的共同努力确实可以提供一些重要的科学依据与管理数据，同时也可以在改善栖息环境的条件方面作出具有生物学意义上的差异。

人们最有可能关心并积极采取措施保护生活环境周围的空间和区域，这已经是陈词滥调了，但却十分真实。在阿尔迪亚，这一点表现在建立鸟类和野生动物友好型花园的相关工作上，超过 40 位居民的花园已经通过了美国野生动物基金会的野生动物栖息地认证计划，并且讨论了如何更好地管理使用雨水资源（比如推动安装祖尼碗和雨水花园，这能够保留下更多的水），居民该如何避免使用杀鼠剂来控制老鼠。后者是阿尔迪亚安装 5 个尖叫猫头鹰盒子的主要动机。这些行动也可以在更小范围的社区层面有效进行。还有什么能比与邻居讨论更能说服别人放弃使用杀虫剂的方法呢？

市民参与，与鸟互动

　　喂鸟器，可能是一种克服与自然脱节感的方法，事实上，许多城市居民根本不把这些环境视为自然的地方。丹尼尔·考克斯（Daniel Cox）和凯文·加斯顿（Kevin Gaston）在英国进行了一项关于喂鸟好处的研究，他们问为什么更多的人不这么做。"鸟类喂食器有可能成为人们建立这种与自然联系的强大工具，因为它提供了一个焦点，人们希望并能够在这里观察鸟类及其行为。"[27]

　　要让居民，尤其是大城市的居民，认识到他们周围包括鸟类在内的自然资源的丰富程度，这将是一个重大的挑战。也许这也是繁忙城市生活的负面影响之一吧，人们经常容易忽视身边的许多事情。

　　像不列颠哥伦比亚省的温哥华这样的城市，在帮助提高鸟类可见度，和鼓励将城市作为鸟类栖息地和人类栖息地的新观点方面，做了出色工作。一年一度的温哥华"鸟类周"都会在全市范围内组织"遛鸟"活动。此外，该市还出版了一份常见鸟类指南和一系列地图，帮助引导市民前往一些观鸟的热门地区。

　　对许多人来说，拍摄鸟类是一个具有重要意义且有益的爱好，其本身也是一种艺术形式。可以通过研讨会、课

图 11-6　当地高中生为受到威胁的山雀建造巢箱
（图片来源：蒂莫西·比特利）

程和指导等多种方式鼓励拍摄鸟类活动的开展。比赛也不失为激发兴趣的一种方式，每年都会在世界各地举办各式各样的鸟类摄影比赛。其中包括奥杜邦摄影奖（Audubon Photography Awards），最高奖金为 5000 美元，以及霍格岛奥杜邦自然中心设立的为期六天的夏令营青年奖。[28]

　　此外，当地也举办了许多的鸟类摄影比赛。其中一个例子是我所在的弗吉尼亚州中部地区的比赛，由蒙蒂塞洛鸟类俱乐部（Monticello Bird Club）和夏洛茨维尔摄影俱乐部（Charlottesville Camera Club）的合作举办。这个比赛鼓励摄影师提交四种类型的照片：后院的鸟类、近距离的鸟类、栖息地的鸟类和动态的鸟类。必须要说的是这个年度摄影比赛的结果是引人注目的，因为它的美丽和艺术性都集中体现于人们居住地附近会出现的特定鸟类，能帮助居民们更好地认识和保护这些鸟类。[29]

　　城市里的艺术和艺术家的作品，帮助我们以很多方式与鸟类联系起来，并传递一些真实存在的鸟类所提供的那种美丽和神奇的感觉。这些不同形式的艺术，可以让我们以不同的方式来思考鸟类，或者欣赏鸟类的某个方面——它们的形状、羽毛和行为——我们可能没有注意到。鉴于我们对鸟类的热爱和迷恋，它们在我们的城市艺术中占据如此显著的位置也就不足为奇了。

　　最令人印象深刻的城市艺术项目之一，是奥杜邦协会壁画项目（Audubon Mural Project）。这是美国国家奥杜邦协会和"吉特勒虚位以待"（Gitler & _____）画廊的合作项目，是为了在约翰·詹姆斯·奥杜邦晚年居住的哈莱姆区庆祝鸟类。艺术家们得到了少量津贴，可以在建筑物的侧面创作出美丽多彩的小鸟。现在有 110 幅这样的鸟类壁画，特别是那些受到气候威胁的物种（其中有 314 幅，所以还有很多！）所有的壁画都可以在网上看到，还有一份可打印的地图，供那些想要实地参观的人使用。《纽约时报》最近的一篇社论，描述了其中一些图片以及它们给这个城市环境带来的欢乐。

　　　　在奥杜邦地图的帮助下游览华盛顿高地和哈林区，也不乏是一种新型的观鸟方式。想要沿着曼哈顿西区的高速公路找到威廉姆森树袋熊，需要花费一番精力和时间，它真的比人还大；有一只黑嘴喜鹊现在整天都在已经倒闭的新幸福中餐厅的百老汇门口。而在其他地方，奥杜邦本人被描绘成肉色，留着羊排鬓角，好奇地盯着肩膀上一只深蓝色林莺，他的手里既没有拿着步枪，也没有拿着调色板。[30]

　　鸟类艺术可以采取多种形式表现出来。其中一些最值得关注的例子是西班牙艺术家、摄影师哈维·布（Xavi

图 11-7　是奥杜邦壁画项目在纽约市哈勒姆区展出的 110 幅美丽的鸟类壁画之一

[图片来源：奥杜邦协会的麦克·费尔南德斯（Mike Fernandez/Audubon）]

Bou）的鸟瞰图，他的创作灵感来源于幼时与祖父一起遛鸟的经历。他通过 Photoshop 软件将鸟类的照片压缩成充满戏剧性的单帧画幅，进行了极具想象力的创作。这些具有视觉冲击力的照片展示了单个鸟类或集合鸟群在天空中的飞行轨迹，有一些观察者把它们比作是丝带或者双螺旋。布拍摄了各种鸟类，从火烈鸟到白鹳再到鲱鱼海鸥。对我而言，这些照片就像是鸟儿散发出的烟火气息，完美地呈现出它们飞行的优雅以及羽翼的美丽。[31] 同时布也将他的艺术追求描述为"让不可见的东西变得可见"，他说，自己从事这项工作的目标就是为了"捕捉一个同时是过去、现在和未来的时刻"。[32]

　　除此以外，对鸟类所面临的危险或困境进行拍摄记录是另一项重要的工作，也类似于让大多数情况下不可见的东西变得可见。有一个真实的案例：加拿大安大略省多伦多市的 FLAP 提醒人们灯光对鸟类会有致命危害的行动组织每年都会展示所有因撞击建筑物和窗户而死亡的鸟类。明尼苏达州的摄影师米兰达·布兰登（Miranda Brandon）也采取了类似的方法，但她每次只会关注一只鸟，描绘和拍摄这只鸟被撞击瞬间。这个系列被她命名为"冲击"，灵感源于她在奥杜邦当志愿者的时间，所拍摄的鸟类图片都是从建筑物的底部进行捕捉收集的。以下是她对这项工作的具体描述：

> 当鸟类在建筑空间中移动时，这种影响从字面上和形象上放大了它们面临的问题，用视觉表达它们的困境。鸟类看起来是其真实大小的 6 到 12 倍，描绘的是受到撞击的那一刻，或之后的时刻：从空中坠落，或以奇怪的不自然的角度画出头部的安静肖像。如此大尺度的鸟类不容易被人们所忽略。这些照片能以贴近的视角，展现鸟类的微小细节，提供给人们感受和沉思的空间。这些美丽的鸟类，加上它们不正常的姿势，激发了观众思考人类如何影响了我们所占据的空间……
>
> 旨在对鸟类在我们日常生活中的存在产生新的认识和了解，并提升我们对它们以及其他非人类动物的关心能力。[33]

目前仍然需要改变大多数城市居民固有的思维模式，要让他们把自己所在的城市看作是与众多自然生物共同居住、共同庆祝的地方。在温哥华这样的城市，由于自然栖息地的多样性，可能会导致许多不同的鸟类与人类相遇。温哥华鸟类咨询委员会的工作人员艾伦·邓肯告诉我，在温哥华的城市边界有 11 个白头雕的巢穴，其中一个巢穴离他的露台只有 55 码（约 56 米）远。2020 年 4 月，就在我写这篇文章的时候，一对白头雕正在宾夕法尼亚州匹兹堡市中心的一个公园里筑巢，居民们通过一个"鹰眼"摄像机密切关注着这些小雏鹰的一举一动——令人惊讶的是，有 700 万人通过"鹰眼"观看了小雏鹰。

毫无疑问，城市居民需要一些帮助和引导。在温哥华，由于有其常设的温哥华鸟类咨询委员会坚持不懈地努力工作，才能确定一些观鸟的热门地点，并制作了一些指南，用来介绍不同的鸟类和城市中可以看到它们的公园与具体位置区域。[34]

需要注意的是，遛鸟和其他教育性的活动是引导居民的关键，这些活动既有教育意义，同时也插入了一些有趣的元素。例如，在温哥华的斯坦利公园就有猫头鹰巡游活动。邓肯告诉我，人们往往对这种活动有着极大的兴趣，大约有80 人第一次参加了这样的活动。他还认为这一领域的活动内容仍有待进一步开发完善。

克利夫兰大都会公园的博物学家马特·克奈特尔（Matt Knittel）描述了春季迁徙期间鸟类巡游的价值。这些活动可追溯到 1956 年，于 6 个星期日分别在 13 个不同地点举行。[35] 此外，他们还负责管理"巢居观察"与"喂养观察"项目，招募并动员市民们加入到行动中来，帮助以及密切观察城市环境中诸如蓝知更鸟等物种面临的成功和挑战。

面向未来，前瞻设计

在地平线上，有一些对鸟类产生的新威胁还没有被充分考虑过。其中一种与未来可能出现的无人机增加扩散有关。目前已有研究结果表示，猛禽可以对无人机作出一种保护领土的反应，实际上是在攻击它们；荷兰人已经学会利用猎鹰作为一种工具来消除在阿姆斯特丹史基浦机场周围无人机的影响。随着无人机送货上门服务的普及，这片拥挤的街区空域会不会导致鸣禽的不断碰撞和死亡？目前还不清楚，但澳大利亚的建筑学教授彼得·费舍尔（Peter Fisher）在最近的一篇专栏文章中提出，是否应该采取有效措施来确保无人机的设计和使用方式能够最大限度地减少鸟类的伤亡（类似于现在对风力公园的要求）。[36]这可能会在无人机的配色方案上做文章，让无人机的可见度提高，或者是限制无人机的飞行速度，抑或是使用更加柔软、更不可能伤害鸟类的机翼叶片。

在鸟类方面，对城市进行怎样的投入，会产生最积极、最有力的影响，仍是一个重要的问题。我们需要做些什么，来设计对鸟类友好的建筑，以及对鸟类友好的道路和高速公路呢？

这包括减少车辆与鸟类碰撞频率的工作，这比人们所意识到的要严重得多。道路生态学已经成为一个日益增长的研究和实践领域，这间接性导致了许多地方对野生动物立交桥和地下通道进行了富有成效的投资，也让越来越多的人认为生态的连通性是至关重要的。这项议程对鸟类来说意味着什么还不太清楚，野生动物通道在解决鸟类飞越公路或在公路沿线飞行的问题上作用也不太明显。其他的一些解决办法比如减缓汽车和卡车的交通压力，但也许连接森林树冠以及其他涉及景观设计和植被模式的策略可以创造更好的机会，或者是采用"微型城市飞行路线"的设计，这有助于引导飞鸟远离危险。但这些方式还需要进行更多的研究、测试、实验和项目试点。

人们需要再度思考如何正确利用和对待周围的环境空间（例如居住的庭院以及城市中的公园和绿地）。人们必须在这些区域内种植当地原生的植物，在不使用有害杀虫剂的情况下照料培育它们，并将鸟类的筑巢空间融入建筑外墙。同时人们还必须努力减少光污染，及时关灯，转向黑暗天空的照明模式，这对自然（以及寻求与夜空连接的人类）的破坏性较小，对维系鸟类赖以生存的食物网来说也越来越重要。

在设计规划城市和都市地区时，人们知道玻璃和建筑设计需要的什么。但是，对于鸟类（包括常驻鸟和迁徙经过城市的鸟类）来说，什么才是最有效的绿地、公园、植被和绿色屋顶以及其他设计的绿色设施的组合？通过研究、合作和新设计方法的结合，人们可以开始将居住的城市改造成更好的鸟类栖息地。

鸟类友好，丰富生活

这一章中的许多故事表明，当人们的身边有鸟类陪伴时，生活质量能够得到很大的改善。当为它们考虑进行设计时，当把居住的社区重新想象成欢迎鸟类朋友的地方时，在那里的每一天，甚至每小时都能遇见它们，人们会受益匪浅。鸟类的到访与陪伴无疑为原本无聊的生活增添了不少快乐。如果有机会看到一只穴居猫头鹰，或是一只翱翔的秃鹰，抑或是一只在夕阳下疾驰的雨燕，这都会极大地提高人们对生活的热情。而当人们为它们的繁衍生息付出努力时，例如修复栖息地、种植它们需要的植物、改造危险的窗户等，也充斥着重要的意义与价值。这是一个非常好的迹象，正如亚利桑那州奥杜邦的凯茜·怀斯所描述的那样，在美国许多地方人们都有一种回馈社会的冲动，并且会代表鸟类参与某种形式的"保护行动"。

这种共存关系通常会伴随有一种敬畏的因素。就像理查德·卢夫（Richard Louv）在他精彩的《我们的野性呼唤》（*Our Wild Calling*）这本著作中所写到的那样，"敬畏是我们在遇到一些意想不到的事情时或经历之后才会萌生的感受，它刺激了我们对浩瀚性与可能性的感觉，比如听到雷声，听到动人的音乐，会在祈祷或冥想时感觉到广阔与无限。[37]"还有许多其他野生动物和野性元素可能会激发这种敬畏和惊奇的感觉，但鸟类是人们最有可能关注的对象，也最有可能成为人们看到、注意到和听到的对象。而它们所激发出的敬畏感是多方面的：无论是在坚果舱口倒立行走的物理学挑战，还是啄木鸟的击鼓声，或是秃鹰、雨燕和鹈鹕不可能实现的飞行和不具备的飞行技巧（你说的）。鸟类在人们身边的时候，往往是人们生活中最有可能对这个世界、对我们生活和工作的家园感到快乐和满足的时期。而当人们专注于这些神奇的有翼生物时，其实就已经从狭隘和自私的自我中成功挣脱出来了。

第十二章
培养意识，关爱鸟类，
公民责任

灵魂深处，搭个鸟窝，无需很大……
——明日巨星合唱团（They Might Be Giants）

正如书中所写，在城市中可以进行很多物理性的改变，从而使鸟类更多地受益。如果有更多的人能认识周围的鸟类，并为之感到兴奋，这些变化就有可能发生。那么，人们究竟该如何培养对鸟类的终生热爱呢？

当人们在为自己缺少运动、久坐不动的生活以及日益增长的孤独感所带来的公共健康流行病而担忧的时候，长期观察鸟类有可能会帮助人们解决这些问题。它给予了人们一种新的挑战，要大胆地去认识其他人（和其他物种），并以超越自身利益的眼光去看待世界，去锻炼身体和参与户外生活，建立起新的社会联系与人际交往关系。在人们居住的地方，学会识别居住地的鸟类可谓是一项基本技能，它将帮助每一个居民开启一种富有成效的、刺激又神奇的生活。

每个孩子都应该在幼时就学习与鸟类有关的知识。毕竟，它们无时无刻不在人们身边，许多孩子也是在很小的时候就对鸟类产生了强烈的好奇心。这种早期的接触和学习可以通过多种不同的方式进行，最好是由其父母、祖父母或是兄弟姐妹来激发他们的兴趣。但是公立学校应该将更正规更专业的鸟类教育和鸟类保护计划纳入日常的教学范围当中。

学校可以更多地参与到鸟类活动和鸟类保护的相关行动中来。最近的一个例子来自于一个名为画眉的团队，这是一个由当时的奥杜邦工作人员玛丽·埃尔弗纳（Mary Elfner）发起的学校项目。在大约五年的时间里，埃尔弗纳与弗吉尼亚州里士满地区的几所中学（以及里士满以外的几所学校，包括一所高中）的老师共同合作，使用非常少的预算介绍了有关"画眉"的主题要义。该项目包括在课堂上讲授关于画眉鸟的鸣叫和相关生物学的知识（与该州的科学学习标准相联系），以及在晚春季节，当画眉鸟来到这里时，至少组织一次实地考察，寻找并聆听画眉。最近埃尔弗纳告诉我，她差不多已经能够接触到两三百名学生了，尽管缺少资金支持，但浓厚兴趣的驱使也能够大大扩展项目，以覆盖更多的学校和更多的学生。[2]（资金通常是这类项目面临的一个挑战，同时也是需要改变的一件事。）

埃尔弗纳带学生去实地考察的地方之一是荷兰山口，这是一个位于城市外围的天然林地和湿地。在这里，当地的新闻频道感受到了学生们的热情。他们似乎很了解画眉，既可以描绘出它们歌声的空灵独特也能将其所面临的栖息地破碎化挑战娓娓道来。"我们需要鸟类，"一个孩子说，"我认为我们应该拯救画眉。"[3]我希望这一经历能深刻地塑造这些孩子对于鸟类的认识，也许对其中一部分人而言，这点燃了他们对鸟类的终生兴趣。此外埃尔弗纳还告诉我，几年后，她的一个学生在这个州的另一个地方听到（并认出）了一只画眉的叫声，并让她知道了这件事。由此可见，这些项目能够产生巨大的影响力，甚至可以改变孩子们的生活轨迹。

埃尔夫纳告诉我，"画眉团队项目"计划是模仿她在奥杜邦协会参与的另一个名为"林莺团队"（Team Warbler）的项目，重点关注原生林莺（Warbler），"它是弗吉尼亚州和巴拿马之间的纽带。"这是另一种夏季迁徙到里士满地区，在巴拿马的红树林过冬的物种。埃尔夫纳和我一致认为，安排里士满的学生与巴拿马的学生建立联系（巴拿马城现在是全球合生亲自然城市网络的成员之一）将是一个很好的主意，在学习和保护这一物种方面进行合作。

亚特兰大奥杜邦有几个重要的学校项目。其中一项名为"通过鸟类将学生与 STEM（科学、技术、工程和数学）联系起来"的项目与亚特兰大市富尔顿县的六所学校进行合作。对于积极参与的学校，奥杜邦帮助其建造了一座鸟类友好型花园，并对教师进行培训，以此更好地对学生进行鸟类知识普及。与此同时，奥杜邦的志愿者和工作人员会带领孩子们去观察鸟类活动，并提供双筒望远镜（大多数孩子以前从未使用过双筒望远镜）。保护和教育部门的负责人们聚集到一起，在学校举行并参加了一系列活动，包括有一天临时用雾网来捕捉鸟类，这至少让一些孩子产生了拥有和放归一只真正的鸟类的体验。[5]

当然，这类经历也可以是具有变革性的。亚特兰大奥杜邦的主任尼基·贝尔蒙特告诉了我她自己所谓的"火花"经历，当时她还是一个八岁的夏令营成员，就是用雾网抓住了一只小鸟。也是从那时开始，她就成为一名鸟类爱好者。

亚特兰大奥杜邦的教育计划被形象地称为"展翅高飞"，鸟类作为一种媒介帮助了老师们更好地教授其他科目。贝尔蒙特说："我们所发现的是，校园内任何能够让老师们当作教学科目的东西都会让他们倍感兴趣。"老师们也会学习如何识别鸟类并了解它们的生物学知识。除了以学校为重点的工作外，亚特兰大奥杜邦还开展了许多其他社区参与项目和教育计划。这些活动和计划包括整个地区的实地考察、鸟类漫步（在皮德蒙特公园等地）以及为成年人举办的研讨会。

让孩子们和年轻人直接参与到建筑物的实际改造过程中来，让这些建筑物对鸟类来说变得更安全，也是教育人们和解决根本问题的绝佳方式。宾夕法尼亚州匹兹堡的弗里克环境中心就是一个很好的例子。这是一座经过认证的"生活建筑"（一个雄心勃勃的绿色建筑认证级别），具有许多令人印象深刻的生物友好型设计特征，[6]包括在其内部外部窗户和外墙的设计中模仿"森林模式"。尽管如此，它仍然拥有非常明显的大窗户，这对鸟类而言是有危险的。正如该中心的教育主任卡米拉·廷斯利（Camila Tinsley）在接受采访时解释的那样，他们招募并邀请了"青年自然主义者"项目的参与者（一些探索环境科学职业的高中生）来对建筑物前面的大型窗户进行改造升级。学生们与当地的匹兹堡鸟类安全组织合作，（用购买的材料）设计并建造了一个"跳伞系统"，事实证明，该系统在提醒鸟类注意玻璃方面的效果相当有效。这也就像廷斯利所说的那样，学生们在建造中学习，在学习中建造，并能够立即看到他们的努力所带来的成效。她说："也许这就是教育的巅峰！"

图 12-1　亚特兰大奥杜邦协会一直在与该地区的小学合作，教授学生有关鸟类的知识，并支持理工科（STEM：科学、技术、工程和数学）教育。在这里，亚当·贝图尔，亚特兰大奥杜邦保护区的负责人，让孩子们有机会近距离观察当地的鸟类，通过雾网捕获和放归

（图片来源：亚特兰大奥杜邦协会）

图 12-2　宾夕法尼亚州匹兹堡市弗里克环境中心青年博物学家项目的参与者设计并安装了这些伞绳，使窗户对鸟类更安全
（图片来源：蒂莫西·比特利）

"易鸟"（eBird）无难，绵薄之力

　　"eBird"是一个全球性的鸟类观察在线数据库，由康奈尔鸟类学实验室进行维护和管理。它被称作"世界上最大的与生物多样性相关的公民科学项目，每年有超过 1 亿次的鸟类目击记录报告。"[7]而它本质上是一个基于网络的平台，主要用于报告用户在正常观鸟过程中看到或听到的鸟类类别，包括其所在位置。同时它是免费开放的，而且有一个"eBird"应用程序能够更方便地操作，还允许用户维护和管理他们个人喜爱的鸟类生活清单。通过这个数据库，人们还可以看到哪里汇集有观鸟的热点，并找到他们最喜欢的观鸟地点。

此外，还有一些区域性的门户网站，它们提供了更多与本地相关的信息，促进了与鸟类爱好者的联系与该地区鸟类活动的开展。以我的家乡弗吉尼亚州为例，友好竞争的一个要素是要根据所识别的物种数量和检查清单的数量，制定出一个管辖范围区域内的动态列表。全球鸟类观察在线数据库也提供了重要的科学依据和保护见解。最近发表在《自然通信》的一篇论文就展示了这种众包鸟类物种数据的力量。在这里，论文作者研发了一个"强大的多物种规划工具"，预计会在整个年度周期内保护 117 只近北极－新热带迁徙候鸟所需的土地面积。[8]

　　康奈尔实验室一年一度的"全球大日"鼓励世界各地的鸟类爱好者提交"eBird"的观察结果。2018 年的活动打破了原有纪录，约有 3 万名参与者识别出了世界各地的 7000 种鸟类。另外还有一个重要的年度活动名为"后院鸟类统计大赛"，在 2 月举行，为期 4 天。该活动由康奈尔实验室和国家奥杜邦协会联合主办，自 1998 年以来一直每年都在进行，2019 年的活动约有 16 万个人参加。

观鸟活动，呼唤多样

　　毋庸置疑，很多富人一直以来都把养鸟和观鸟作为一种兴趣爱好。如果要充分欣赏鸟类，如果要让更多的人充分享受鸟类带来的快乐和奇迹，就必须做更多的工作来扩大观鸟群体的多样性。城市观鸟活动至少给予了实现这一目标的希望。

　　J. 德鲁·拉纳姆（J. Drew Lanham）是一位非裔美国鸟类学家和科学家，也是克莱姆森大学的野生动物生态学教授，他一直是帮助人们了解观鸟界中的少数群体所面临的挑战的最有发言权的大人物之一。在他的《家乡》一书中，拉纳姆特别提到了"黑人观鸟"(这是一个章节的标题)。他描述了沿着南卡罗来纳州的乡间小道外出观鸟的感觉,那种焦虑和恐惧,试图把所有注意力都集中于他所看到和听到的鸟类身上,但从偶尔瞥见一面南方邦联旗就能看出来,他也意识到了附近存在的潜在危险。"我是一个不同寻常的观鸟者。在路上看到像我这样的人的概率只比看到象牙嘴啄木鸟的概率大那么一点。反正这辈子我遇到的像我一样的鸟友还不到十个,我们本身就是真正的稀罕物。"[9]

那么,该如何改变这种情况呢?拉纳姆建议,需要努力让更多的有色人种、更多的孩子参与到观鸟活动中来,更多的孩子也需要看到更多的观鸟者并向他们学习。

野生的事物和野外的地方永远属于所有人。因此,虽然我不能解决美国的种族问题,不能提出一个让我自己和其他像我一样的人永远感到安全的方法,但却可以在自己的小角落里提出一个解决方案,让更多的有色人种"走出去",把奇怪的事变成寻常的事。更多的鸟类爱好者、野生动物生物学家、猎人、徒步旅行者以及渔民的出现,将向其他人证明:他们也会欣赏夏日黄雀的啭鸣,也赞叹于白尾鹿不可思议的本领,以及聆听吹过高大松树的阵阵风声,他们的责任是把一些珍贵的东西传给后来者。当有色人种的年轻人与他们的祖先重新建立起联系时,他们与陆地的联系就会像强大橡树的主根一样根深蒂固,并且土地更新并支撑着他们繁衍生息,也许所有事情在这一刻会开始慢慢改变。

我希望不久之后,爱鸟、护鸟、观鸟的我们将不再是一种罕见的景象;我希望在某个时刻,可以在色彩纷呈的观鸟节人群中看到有色人种的身影;我也希望有一天,年轻的炙手可热的观鸟能手恰好也是像我这样的人。[10]

2019 年 4 月，我前往阿什维尔附近的沃伦·威尔逊学院（Warren Wilson College），听拉纳姆作“地方的力量”的年度讲座。这是一次振奋人心的演讲，尽管我发现自己还是经常想到在高速公路上看到的两面巨大无比的邦联旗帜。它们像是提醒我，有色人种必须生活在什么样的美国，必须在这样的美国怎样地生活。但我仍想知道，为什么要做拉纳姆所做的事，追随自己的内心，追求有羽毛的风景，从而增加生活的危险性。

　　爱鸟、护鸟、观鸟的黑人们面临着一系列的挑战，甚至需要冒着受伤和生命风险。当他们只是参与普通休闲的观鸟活动时，大多数非有色人种都不理解。当然，努力克服大社会中的偏见和种族不公正是解决问题的一部分方法。但其实人们可以在城市中做一些具体的事情来扩大那些观察鸟类者的多样性，并让他们感到自己有能力代表鸟类进行宣传。

　　有人创立了“爱鸟黑人周”，这是一个庆祝和了解为鸟类而工作的杰出科学家和有色人种活动家的机会。本周活动的组织者之一，南乔治亚大学的研究生科瑞娜·纽瑟姆（Corina Newsome）正在研究海滨麻雀（Seaside Sparrow），她谈到了自己从鸟类身上获得的希望，以及“改变关于鸟类和自然的叙述”的必要性。流行的说法是，有色人种不观察鸟类，不关心自然，也不会在户外从事这些活动。这种叙述的基础是结构性种族主义和空间不平等，也就是说，这些空间和活动本质上是留给白人的。当然，更包容的观鸟是朝着正确方向迈出的一步，但要克服潜在的种族主义，让我们的社会更加公正和公平，还需要更深入、更努力地工作。努力使观鸟和鸟类保护世界更具有种族多样性和包容性，将在某些重要方面有助于推进这一更大的事业。

　　此外，还有许多其他方式可以使鸟类活动和鸟类保护变得更加多样化，包括更多地倾听女性的声音和观点，确保女性平等安全地享受观鸟的乐趣，这将是一个重要的途径。据观察，男性的发声在观鸟圈以及鸟类科学和保护中占主导地位。奥利维亚·詹蒂莱（Olivia Gentile）在一篇题为《观鸟中的女性主义革命》的敏锐文章中指出，撰写鸟类指南的是男性，是行业顶尖的鸟类科学家，因此男性的方法，甚至是所有人观察鸟类的方式（强调"快节奏地列出"所看到的物种）往往占主导地位。[11]同时她写道，"女性观鸟者往往容易被忽视，被低估，被轻视"，这部分有助于解释全女性观鸟俱乐部的建立。亚特兰大奥杜邦已经与国家奥杜邦合作，成立了一个公平、多样性和包容的特别工作小组，其中已经创建了一个"学徒计划"，为有色人种的年轻人提供机会，让他们能够在观鸟界中找到职位。同时亚特兰大奥杜邦还聘请了杰森·沃德（Jason Ward），他是一位年轻的黑人观鸟者，现在经常在皮德蒙特公园组织遛鸟活动。可以肯定的是，这样的计划是朝着正确的方向努力的，但观鸟组织也必须小心，不能满足于一种象征性的或部分代表少数群体社区的做法，必须向有色人种和社区群体更全面地开放观鸟世界。除此以外，对群体多样性更广泛的定义还应包括更多的女性和更多的参与者。

观鸟变革，最佳选择

从某种程度上说，鸟类活动需要一场公关变革。对许多美国人来说，这要么是"令人毛骨悚然的"，要么就是"充满书呆子气的"，或者两者都沾了一点边，这让人很不理解。直到 2016 年我读到《华盛顿邮报》一篇题为《对不起，观鸟者：人们认为你很可怕》的文章，我也才完全理解他们这样的观点。[12]发表在《心理学新思路》杂志上的一篇论文——《论恐怖的本质》，试图通过一项在线调查来判断人们认为哪些职业、爱好和个人特征是令人毛骨悚然感到害怕的，其次就是涉及与鸟类活动有关的爱好，包括观鸟。这可能是因为双筒望远镜的普及和对这些双筒望远镜将会瞄准的

图 12-3　有组织的观鸟之旅是吸引城市居民的一种方式。图中，一群作者的学生在弗吉尼亚大学的校园里参加一年一度的观鸟之旅活动
（图片来源：蒂莫西·比特利）

地方持有的一种怀疑态度。

虽然普通的初中生或高中生可能不一定认为观察鸟类会令人感到毛骨悚然，但他们也不太可能自愿地把这样的行为作为一种很"酷"的爱好。我不免怀疑，对于大多数年轻人来说，他们甚至根本没有考虑过这个问题，但尽管如此，他们也有可能会从中获得很多的乐趣。

还有一个需要特别承认的关键点是，许多人（包括我自己）都非常喜欢鸟类，并深受它们的影响，会对它们肃然起敬，并有动力去做任何力所能及的事情来帮助它们。然而，这类人群也会犹豫是否能够将自己称为一个合格的"鸟类爱好者"，因为可能并没有维护鸟类清单，也没有通过 eBird 等工具观察和报告鸟类活动的结果，并且通常情况下还很难通过肉眼观察或听取叫声来识别鸟类。"鸟类爱好者"是我对这个相当大的、不断增长的鸟类保护群体的描述，人们必须记住，不是每个人都会渴望成为一名"观鸟者"，但每个人仍然可以在鸟类保护中发挥重要作用，并使鸟类成为日常生活中与其他必要事件同等重要的核心部分。

公民责任：鸟助入门

　　已有相当多的证据表明，在生态管理方面采取适当的措施，比如参与当地的植树活动，可以激励其他公民的积极参与。达纳·费希尔（Dana Fisher）、埃里卡·斯文森（Erika Svendsen）和詹姆斯·康诺利（James Connolly）共同研究了"纽约城百万树木"（MillionTrees NYC）倡议，并且作为志愿管理者激发其他公民参与的潜在活力。他们安排了一系列的电话反馈，采访了那些参与植树活动的人，试图由此进一步判断他们是否还会继续参加植树活动（事实表明确实还会继续参与），以及他们会通过哪些其他方式自主参与。最终三人得出的结论是：总的来说，调查的样本显示，除了像投票和宗教信仰等此类活动在人们幼年时期就已经融入日常生活以外，生态管理也给予了其他公民优先参与其中的权利。[13]

　　毫无疑问，"纽约城百万树木"的研究表明，更好地实行民主权利和参与各种自然活动（包括鸟类活动）之间存在着一种健康的协同作用。如果人们愿意关心、观察并为社区的鸟类工作，也就更有可能参与投票、出席公共会议以及参加抗议游行。这些价值观是相辅相成的。正如费希尔、斯文森和康诺利所说的那样，在缺少结构化制度动机的情况下，从事管理工作会促使人们成为积极参与民主事务的公民。随着宗教组织和工会等组织成员的不断减少，这种结构化要求较低的民主公民之路正变得越来越重要。[14]

　　此外，这项研究还证明了社会联系与信任网络连接的重要性，我也相信人们可以通过直觉和生活经验知晓这一点。正如那些著作作者（例如著名的《独自打保龄》一书的作者）所提到的，这是有关哈佛大学教授罗伯特·普特南（Robert Putnam）对日益增长的个人主义现象（和担忧）观点的反驳。[15] 每一个志愿管理者不是孤立不相干的个体，他们具有很强的凝聚力与一体性。[16]

虽然大部分的观鸟活动还只是流行于个人活动层面，但它也经常发生在群体或者社会环境中。人们可以"一起挖掘"，在城市中集体创造新的鸟类栖息地；同时还可以一起观察鸟类活动，一起为之惊叹，因为对鸟类的欣赏本身就是一个共享快乐的过程，并且通过观鸟还能帮助人们建立新的友谊。

本书中介绍的许多项目计划在很大程度上都依赖于志愿者的工作。正如亚当·贝图尔（Adam Betuel）告诉我的那样，亚特兰大奥杜邦就属于这一类项目，而且特别是在较小的奥杜邦单位还总是需要更多的志愿者加入其中。他说："我们拥有很大范围的志愿者群体，这一点做得很好，但仍然需要继续扩大我们的志愿者队伍。"同时，这也不失为一个很好的机会，可以让更多的公民参与进来，进行相关的鸟类知识普及，还可以培养一种甘于贡献的重要意识。事实的确如此，鸟类的奇妙之处能够帮助人们摆脱自我沉迷的状态，去追寻更深层次的自我价值。

正如这本书中多次提到的，鸟类给我们提供了克服绝望感的机会。在气候变化和全球物种灭绝的危机中，我们很容易陷入这样的想法：没有什么有意义的事情可以做。这本书里的故事恰恰相反。在个人和社区层面，有许多事情，是我们力所能及的。行动可以很简单，就像房主把窗户换掉，让鸟儿可以清楚地看到它们，或者是种植培育一个栖息地花园并获得认证，这在俄勒冈州波特兰等城市都是很好的选择。除此以外，还可以在社区内做许多其他事情，包括为访问和迁徙途经这座城市的鸟类发声，要求市议会通过并实施鸟类安全的建筑标准。

《纽约时报》作家玛格丽特·伦克尔（Margaret Renkl）

指出:"做一点儿什么,和一点儿都不做,存在差距。那个'一点儿',虽然看起来很微小,但并不是'什么都没有'。""它们之间距离遥远,伸向无垠。是心跳与沉寂之别。"[17]

需要考虑,更多保护

人们还必须正视他们的消费习惯以及大范围的生态足迹对远近鸟类所产生的影响。

北方鸣禽倡议组织的杰夫·威尔斯(Jeff Wells)告诉我,城市正在以不同的方式加剧这种过度的沉重影响。为了更方便理解,他举了这样一个例子:你在后院可能会见到的白喉麻雀,它其实生长于北方的森林。然而,人们真的会选择购买再生类纸产品来保护那片森林和那些所爱的鸟类吗?不幸的是,人们甚至可能根本都没有建立起这样的联系。如果选择购买由北方的原始森林所制成纸巾,就等同于在加快所爱鸟类的消失速度。

支持购买再生类纸产品是威尔斯所做的事情之一。购买经森林管理委员会(FSC)认证的产品是一件值得提倡的事情。尽管威尔斯担心森林管理委员会认证的严格性(主要是担心这一政策在一些国家的应用可能会引发过多的砍伐以及过于宽松的执行),但他对"可持续林业倡议"(SFI)的较新竞争性认证计划持有更加怀疑的态度,认为该计划得到了森林林业行业的支持,而且执行起来不那么严格。同时可持续林业倡议一直在争取鸟类活动组织的支持,而威尔斯对这一点也很是不满。

威尔斯说,许多鸟类保护组织总是过度在意一些小的行动,这些行为并非不重要,但组织更需要面对像气候变化与迅速过渡到可再生能源这样的更大问题。"他们反对风力涡轮机的使用,但对煤炭的燃烧却只字不提。"威尔斯认为,与露天采矿相比，风力涡轮机对鸟类可能造成的任何威胁都相形见绌，因为露天采矿行为直接性地破坏了数百万鸟类的栖息地。

观鸟界必须解决的另一个重要问题是猖狂的、具有高度破坏性的农业运作形式，特别是单一栽培技术和高度化学密集型的粮食生产方式。全球昆虫数量惊人的急剧下降也代表了鸟类动物目前面临最紧迫的危险之一，这也表明需要迅速过渡到可持续性的农业运作形式。此外，杀虫剂使用量的迅速增加，特别是氟螨腈和新烟碱类杀虫剂（"新教徒"），已经造成了极其严重的危害。杀虫剂的水溶性意味着它们已经污染了许多水源和土壤。雷切尔·卡森之前的警告与如今的现象紧密相连，显得更加的可怕。随着昆虫数量的大幅减少，人们很有可能经历一段其之前强烈警告的"寂静的春天"。

需要做些什么呢？弗朗西斯科·桑切斯－巴约（Francisco Sánchez-Bayo）是最近发表在《生物保护》杂志上一项研究的合著者之一（在第二章中引用），他谈到，需要将农业从单一作物的栽培现状中转移出来，将昆虫生存需要的树木和栖息环境结合起来。同时，减少并禁止杀虫剂的使用似乎是一件必不可少的事，正如转向综合虫害管理（IPM）的技术一样。"如果我们花时间去教育农民，让他们把合理的生产方式落实到位，在不依赖化学品的情况下生产粮食，那么整个事情将会在一夜之间改变。"[18] 当然，这也面临着严重的政治挑战，这一举动势必会与强势的农药行业和农业企业产生利益纠纷，他们会抵制变革，并且还会发起有充足资金支持的运动。但是为了拯救鸟类，人们必须开始意识到如何种植粮食作物与在杂货店可以购买的东西之间的必然联系。

关爱鸟类的城市将需要更多地考虑可以采取哪些行动和政策来促进全球生物多样性的保护。那么这些城市又该如何展现其全球领导力呢？

努力减少其生态足迹的规模以及对全球资源需求的程

度也将是一个很好的举措。例如，许多城市（比如纽约）都在采取对应措施从化石燃料公司的发展中撤资，并从中剥离出城市养老金。[19] 尤其是那些位于北方的城市，可以在扩大保护区和推进全球保护愿景方面发挥领导作用，例如"半地球"（Half Earth）项目，即在地球上为自然环境的发展预留出一半以上的地球面积。[20] 另一个重要举措则是让志同道合的城市共同努力维持和保护它们共同拥有的鸟类物种（由于迁徙而依赖于多个城市和地区的安全栖息地）。同时城市间的条约和协议合作也会更加普遍，它们可以成为一种很好的方式，以此来更广泛地代表鸟类和全球范围内可利用的自然资源。

当一座城市在其边界范围内为鸟类腾出生存空间并努力恢复野生公园和城市景观的时候，也必须将目光放远于城市边界之外，以确保在某些区域甚至大陆范围内存在足够的栖息环境和迁徙廊道。同时，城市发展也必须支持创新性努力的成果，例如荒野网络的开发和东部荒野大道的倡导，并尽可能地让当地的土地使用政策和决策符合这种更大的景观愿景，这也是关键的一环。"东部荒野大道"是一个针对从加拿大到佛罗里达州的公园绿地的生物连接网络的愿景。[21] 该项目的负责人罗恩·萨瑟兰（Ron Sutherland）告诉我，与其说这是一份关于需要购买哪些区域土地的蓝图，不如说是一张旨在激励和展示更多可能性的地图，[22] 该地图和愿景将共同保护美国东部约一半的地区，但这还远不够，因为现有生物多样性的比例比这更高。而城市规划部门主要可以通过连接现有的国家公园和其他保护区这样切实的方式帮助实现这一愿景。埃德蒙顿、亚伯达和旧金山等城市寻求了推进生态联系建设和生态连通性的战略（例如，在埃德蒙顿大范围地使用野生动物通道；在旧金山实行绿色连接计划等）。在未来，城市需要确保这些重要的地方战略与那些主要以景观为导向的保护工作之间的相互联系，并帮助推进这些工作的具体落实。

鸟与政策：决策参与，如何去做？

在城市中持续扩大对鸟类的宣传是很有必要的，这可以通过许多不同的方式实现。很明显的一点是，虽然城市里有很多人积极地参与到观察和欣赏鸟类的活动中，但真正能为鸟类做出保护工作的人却相对较少。保护鸟类需要更多的鸟类倡导者以及城市居民自发地站出来表达对鸟类的支持，并积极为鸟类友好型城市的设计和城市政策确立而不懈努力。

国家奥杜邦协会是许多城市的主要资源支持。奥杜邦协会的约翰·罗登（John Rowden）告诉我，令人印象深刻的是，虽然全国各地大约有 460 个分会，但大多数分会的工作人员都是由志愿者组成的。罗登进一步解释说，而其中大约有 80% 的分会是完全由志愿者直接管理的。而像波特兰、旧金山和纽约的分会，也就是罗登所说的拥有"强大的专业员工"的分会还相对较少。

那么政客们会关心鸟类的生存发展吗？尽管有希望能够得到更多公众的支持，这种情况可能会发生一定的改变，但也不会发生太大的变化。但同时也有一些充满希望的案例，比如澳大利亚前总理鲍勃·霍克（Bob Hawke）曾说过一句名言："企鹅不能投票"，这是他带头禁止南极洲矿石开采工作的部分解释，而这一禁令至今仍在严格执行。[23]

我们需要找到更多富有创意的方法，让支持鸟类与鸟类保护工作在政治层面更受欢迎，给予鸟类在政治层面的发言权。显而易见，这已经通过诸如城市奥杜邦分会等倡议团体代言人的发言实现了，比如在本书中介绍的著名案例，包括波特兰奥杜邦和旧金山金门奥杜邦协会的工作。正如人们所看到的那样，后者非常有效地动员了鸟类爱好者社群，支持并采用了该国的第一个鸟类安全设计标准。与此同时，波特兰奥杜邦协会也同样为该城市鸟类友好设计标准的采纳进行了有效的游说工作。

除此以外还有其他可行的方法吗？人们是否能够改变政

治制度的本质，以此代表所有民选官员选区内的生物所享有的权利和需要？换句话说，鸟类不也是选民的组成部分吗？尽管它们不能投票，但它们会受到来自市议会可能作出的许多决定的影响——从高速公路的选址（正如在亚利桑那州凤凰城看到的穴居猫头鹰），到开垦土地和砍伐树木（正如在西澳大利亚看到的那样），再或者是对土耳其秃鹫栖息环境的管理，桩桩件件都显露出鸟类受到的政治影响。

澳大利亚考拉基金会（Australian Koala Foundation）的创始人兼董事黛博拉·塔巴特（Deborah Tabart）一直在试图改变人们对于动物的思考和谈论方式。她将毕生精力和心血都致力于保护考拉的工作上，但由于煤矿开采与住房建设（这同样影响了鸟类）导致的林地开垦和栖息地的丧失，考拉这个物种正在濒临灭绝的边缘试探。同时塔巴特告诉我，考拉这一物种的消失象征着与整个国家的告别。[24]考拉这样标志性的物种，竟然会灭绝，实在是令人震惊，难以想象。但塔巴特不会就此作罢，她说考拉大军正在加强壮大，并且还把自己称为"总司令"。

同时她还努力强调考拉栖息地的数量，并估计不同选区的考拉总数。"行动还是斧头（Act or Axe）"是她对当选官员提出的挑战。例如，在她的个人网站上，就放有一张"你所在选区的考拉数量"的地图，在昆士兰自由民主党成员卢克·豪沃思（Luke Howarth）的选区，估计有 200 到 400只考拉。[25]该地图还显示了现存的考拉栖息地和 1750 年前栖息地的数量对比，强调了目前只有 15% 的原始栖息地尚存。这样的选举地图会带来变化吗？也许不会直接改变什么，但这是一个很好的策略，可以开始统计"考拉选民"的数量，而且通过塔巴特的组织，能够让他们提升知名度，拥有更接近于政治的声音。

我们应该想办法在鸟类身上落实这一点。当然，鸟类也不是自然世界中唯一值得代表的生物元素，但不置可否的是，它们是人们生态命运共同体中不可忽视的重要组成部分，而反过来，它们其实也在一定程度上代表了许多其他生物。

　　另外塔巴特（Tabart）还有一个想法是：如果你在销售或租赁汽车或面部护理产品时使用印有考拉形象的图片，你应该与它们同享部分的利润。这个想法在英国自然学家大卫·艾登堡（David Attenborough）倡导的一项名为"狮子分享"的提议中得到了体现，这是联合国开发计划署和一些广告制作公司之间共同发起的一项联合倡议，其目标是在三年内生成 1 亿美元，用于投资保护项目，而参与的公司将同意捐出使用任何一种动物形象广告活动所得的 0.5%。[26]

　　当然，人们也会在许多商业领域用到鸟类图像。那么如果人们每次发送一条以鸟类图标、鸟鸣为模型的推特信息，就会有一小笔资金投入到全球鸟类保护基金当中，会怎么样呢？最近，鞋业公司欧布斯出售了一套限量版跑鞋，其收益将捐赠给奥杜邦协会。人们需要找到切实有效的方法来满足对鸟类的政治以及经济承诺，并利用和引导一些金额庞大的集体财富资产来支持鸟类保护。

非土著鸟，也需照料

　　一个持续争论的问题是非本土鸟类物种的地位问题。1939 年，雷切尔·卡森在她职业生涯早期所发表的文章——《欧椋鸟的公民证书是怎样的？》中谈到了这个问题。她想知道鸟类要与人们在一起生活多久，人们才会认为它是属于这个生物社群的一部分。

　　当然，这不是一个学术性问题。在一些城市，一些非本地的物种种群，尤其是鹦鹉，已经能够在居民家中安家落户，得到庇护，并且非常受人喜爱。一个著名的例子就是旧金山电报山的鹦鹉。由于马克·比特纳（Mark Bittner）的书和电影很受欢迎，风靡一时，这些鸟类已经在当地（乃至

图12-4 多种产品利用鸟类的图像，如咖啡包装有蜂鸟图案。拍摄这样的照片，可被要求贡献一小部分他们的利润，来资助保护这种鸟类（图片来源：蒂莫西·比特利）

世界）拥有了相当多的追随者。[27]

　　同样地，在南加州约有 20 种鹦鹉，其中包括几千只红冠丹顶鹦鹉。在帕萨迪纳的一些公园里，每当夜幕降临，它们便在那里栖息，场面壮观，声势浩大。

　　在鸟类友好型城市的框架中，这类鸟类的地位究竟如何？[28] 它们来自于其他地方，但它们在这座城市繁衍生息，而且从大多数情况来看，它们在茁壮成长。喜爱这些鹦鹉的乌苏拉·海斯（Ursula Heise）教授认为，这个故事开启了城市作为拯救濒危鸟类和其他物种的"生物方舟"的可能性。红冠丹顶鹦鹉原产于墨西哥，基本上已经在它原来的家园灭绝了，所以它可能会是一个特别好的测试案例。此外，红冠丹顶鹦鹉吃的浆果和植物都是非本地的，因此它在洛杉矶生存并不会对本地鸟类造成明显的伤害。正如海斯所说，红冠丹顶鹦鹉已经成为某种程度上的"归化公民"，因为它们已经被列入了国家的官方鸟类名单。[29] 同时，红冠丹顶鹦鹉喧闹的叫声仿佛是在提醒人们，所有人都生活在一个由许多不同生命生物组成的国际大都市，而这里也是一座可以成为人类和非人类庇护所的城市。[30]

在更大的层面上，城市该如何致力于开展鸟类保护工作的国际合作仍然是一个重要的问题。同时还存在一个问题是：是否真的有可能制定一套城市与城市之间的鸟类合约，这些合约里的条条框框能否将城市（也许是沿迁徙路线）与保护目标或者减少鸟类死亡率的具体行动联系起来？新兴的"生物友好型城市网络"也许是促进这种合作的良好平台，除此之外还有其他的城市团体，比如从 ICLEI（地方政府可持续发展）到 C40 城市。但无论采用哪一种实施方式，毫无疑问的是，人们需要将城市日益增长的政治和经济影响力引向鸟类保护层面，以及更广泛的全球生物多样性保护层面。

最后提示：保护鸟类，势在必行；
机不可失，时不再来

当我为这本书画上句号的时候，有必要坦率地反思一下未来摆在面前的艰巨任务。康奈尔鸟类学实验室发布的关于1970 年以来鸟类数量显著减少（约 20 亿只）的研究报告令人震惊，也让许多人深感悲痛。这是一个赤裸裸的、令人痛心的警示，人类这一单一物种已经深刻地改变了数百万其他物种赖以生存的集体生态系统。但是，也许这些及时的发现所带来的巨大冲击影响可以被引导至较好的方面。显然，人们正处于一个与其他任何时候都不同的特殊时刻，特别是在未来十年，能被采取或不采取的行动，都将对未来的世界发展产生深远而持久的影响，当然也会对子孙后代未来的生存

图 12-5　红脖蜂鸟每年的回归给作者带来了希望和快乐，并坚守初心
（图片来源：蒂莫西·比特利）

环境与生活质量产生影响。

　　鸟类的生生不息代表着灭绝时代的希望，有助于帮助人们克服绝望。那么，人们又能做些什么来解决气候变化和栖息地丧失等重大的全球问题呢？比如，人们可以每天、每小时、每分钟做一些简单而有意义的事情来帮助周围的鸟类。

　　人们还可以做很多事情，例如少吃肉和资源的回收利用，但这些事情是否都能带来有意义的改变呢？"这有什么意义呢？"对于这一问题，《纽约时报》的作家玛格丽特·伦克尔（Margaret Renkl）也同样发出了疑问。她回忆说，在观察一窝蓝鸲雏鸟的时候，她担心由于某些原因，小蓝鸲的父母会因此失踪。[31]她接着说，这种担忧（关于周围鸟类的状况和命运）是每个人都会有的，而针对更大、更遥远的环境问题可能就难以做到了。人们可能无法说服一个遥远国家的领导人来保护那里的热带雨林，但是有很多事情是人们可以直接在当地完成的。她总结说："我可以为穴居鸟类筑起生存箱子，为蝙蝠筑起栖息盒子；我可以种植培育蝴蝶的宿主植物，因为我知道雏鸟会以它们的毛毛虫为主要的食物来源；我可以使我的院子成为昆虫的天堂，包括红黄蜂，它是重要的传粉者，但它很快就被诋毁了；我可以让我的院子里没有化学品的侵蚀，也能让野花结籽。"

好消息是，正如本书所回顾的故事和那些倡议所显示的那样，人们可以在个人和集体层面采取许多切实可行的措施来帮助保护鸟类。鸟类可以帮助人类从绝望中转向希望，它们特别适合充当变革的哨兵，以一种更宏大的方式回归到它们"煤矿里的金丝雀"的角色。

鸟类可以帮助我们成为更好的自己，也可以（有时是喧闹的）提醒我们履行应对的责任，同时它们也是能够将人类集体救赎的天使。如果没有它们，地球上的生活将变得索然无味。在人类的一生中，鸟类会让每个人着眼于当下，并通过与它们的互动体验这稍纵即逝的快乐。个人或者集体性的活动，特别是在城市中，都可以通过多种方式来产生巨大且意义深远的积极影响。趁着现在还有时间，即便所剩不多，也请各位抓紧机会努力吧！

注释

第一章 | 人工世界，鸟有益处

1. Viscount Grey of Fallodon, The Charm of Birds（New York: Frederick A. Stokes, 1927）, 198.

2. Grey, Charm of Birds.

3. Grey, Charm of Birds, 198.

4. Grey, Charm of Birds, 210.

5. Rachel Carson, "Help Your Child to Wonder," Woman's Home Companion, July 1956.

6. See Julian Treasure, "The 4 Ways Sound Affects Us," TED video, 5: 46, recorded July 2009, https: //www.ted.com/talks/julian_treasure_the_4_ways_sound_affects_us? language=en.

7. Rachel Clarke, "In Life's Last Moments, Open a Window," New York Times, Sep-tember 8, 2018, https: //www.nytimes.com/2018/09/08/opinion/sunday/nhs-hospice .html.

8. For example, see Julia Jacobs, "The Hot Duck That Won't Go Away," New York Times, December 3, 2018, https: //www.nytimes. com/2018/12/03/nyregion/hot-duck-mandarin-central-park.html?searchResultPosition=1.

9. "Robin Causes a Stir in Beijing," BirdGuides, December 1, 2019, https: //www .birdguides.com/news/robin-causes-a-stir-in-beijing/.

10. Çağan H. Şekercioğlu, Daniel G. Wenny, and Christopher J. Whelan, Why Birds Matter: Avian Ecological Function and Ecosystem Services（Chicago: University of Chicago Press, 2016）.

11. Anil Markandya et al., "Counting the Cost of Vulture Decline: An Appraisal of the Human Health and Other Benefits of Vultures in India," Ecological Economics 67, no. 2（September 15, 2008）: 194–204, https: //doi.org/10.1016/j.ecolecon.2008.04.020.

12. Şekercioğlu, Wenny, and Whelan, Why Birds Matter, viii.

13.GustaveAxelson, "BirdsPutBillionsintoU.S.Economy: LatestU.S.Fish and Wildlife Report," Cornell Lab of Ornithology, September 19, 2018, https: //www. allaboutbirds .org/news/birds-put-billions-into-u-s-economy-latest-u-s-fish-and-wildlife-report/.

14. Şekercioğlu, Wenny, and Whelan, Why Birds Matter, vii.

15. As Plumwood said, "Human/nature dualism conceives the human as not only superior to but as different in kind from the non-human, which is conceived as a lower non-conscious and non-communicative purely physical sphere that exists

as a mere resource or instrument for the higher human one. The human essence is not the ecologically-embodied 'animal'side of self, which is best neglected, but the higher dis-embodied element of mind, reason, culture and soul or spirit." Val Plumwood, "Nature in the Active Voice," Australian Humanities Review 46 (2009), http: //doi.org/10.22459 /AHR.46.2009.

16. Jeffrey Gordon, foreword to Şekercioğlu, Wenny, and Whelan, Why Birds Matter.

17. Jim Bonner, executive director, Audubon Society of Western Pennsylvania, in-terview with the author, April 22, 2019.

18. Susan Elbin, director of conservation and science, New York City Audubon, interview with the author, January 31, 2019.

19. Elbin, interview.

第二章 | 世界变迁，鸟类有难

1. Terry Tempest Williams, Refuge: An Unnatural History of Family and Place (New York: Vintage Books, 1992) , 149.

2. Kenneth V. Rosenberg et al., "Decline of the North American Avifauna," Science 366, no. 6461 (October 4, 2019) : 120-24, https: //doi.org/10.1126/science.aaw1313.

3. Elizabeth Pennisi, "Three Billion North American Birds Have Vanished since 1970, Surveys Show," Science, September 19, 2019, https: //doi.org/10.1126/science.aaz 5646.

4. BirdLife International, "State of the World's Birds: Taking the Pulse of the Planet," 2018, https: //www.birdlife.org/sites/default/files/attachments/BL_Report ENG_V11_spreads.pdf.

5. Caspar A. Hallmann et al., "More than 75 Percent Decline over 27 Years in To-tal Flying Insect Biomass in Protected Areas," PLoS ONE 12, no. 10 (October 2017) : e0185809, https: //journals.plos.org/plosone/article?id=10.1371/journal.pone.0185809.

6. Bradford C. Lister and Andres Garcia, "Climate-Driven Declines in Arthropod Abundance Restructure a Rainforest Food Web," Proceedings of the NationalAcademy of Sciences 115, no. 44 (October 2018) : E10397-405, https: //doi.org/10.1073/pnas.1722477115.

7. Francisco S á nchez-Bayo and Kris A. G. Wyckhuys, "Worldwide Decline of the Entomofauna: A Review of Its Drivers," Biological Conservation 232 (April 2019) : 22, https: //doi.org/10.1016/j.biocon.2019.01.020.

8. Michael DiBartolomeis et al., "An Assessment of Acute Insecticide Toxicity Loading (AITL) of Chemical Pesticides Used on Agricultural Land in the United States," PLoS ONE 14, no. 8 (August 6, 2019) : e0220029, https: //doi.org/10.1371/jour nal.pone.0220029; the authors found a forty-eight-fold increase for oral contact and a fourfold increase for contact toxicity between 1992 and 2014.

9. Center for Food Safety, "Hidden Costs ofToxic Seed Coatings: Insecticide Use on the Rise," Fact Sheet, June 2015, https: //www.centerforfoodsafety.org/files/neonic-factsheet_75083.pdf.

10. Avalon C. S. Owens et al., "Light Pollution Is a Driver of Insect De-clines," Biological Conservation 241（August 2019）: 108259, https: //doi.org/10.1016/j .biocon.2019.108259.

11. Douglas Tallamy, interview with the author, March 13, 2020.

12. Scott R. Loss, Tom Will, and Peter P. Marra, "Estimation of Bird-Vehicle Col-lision Mortality on U.S. Roads," Journal of Wildlife Management 78, no. 5（July 2014）: 763-71, https://doi.org/10.1002/jwmg.721.

13. National Audubon Society, "Audubon's Birds and Climate Change Report," 2017, http: //climate.audubon.org/.

14. Boreal Songbird Initiative, "Conserving North America's Bird Nursery in the Face of Climate Change," 2018, https: //www.borealbirds.org/sites/default/files / publications/report-boreal-birds-climate.pdf.

15. Interview with Jeff Wells, Boreal Songbird Initiative, February 27, 2019.

16. Boreal Songbird Initiative, "Conserving North America's Bird Nursery. "

17. National Audubon Society, "Survival by Degrees: 389 Bird Species on the Brink," 2019, https://www.audubon.org/climate/survivalbydegrees.

18.Brad Plumer, "These State Birds May Be Forced Out of Their States as the World Warms," New York Times, October 10, 2019, https://www.nytimes.com/2019/10/10/cli mate/state-birds-climate-change.html.

19. Boreal Songbird Initiative, "Conserving North America's Bird Nursery," 5.

20. Eric A. Riddell et al., "Cooling Requirements Fueled the Collapse of a Desert Bird Community from Climate Change," Proceedings of the National Academy of Sciences 116, no. 43（October 22, 2019）: 21609-15, https: //doi.org/10.1073/pnas.1908791116.

21. Robert Sanders, "Collapse of Desert Birds Due to Heat Stress from Climate Change," Berkeley News, September 30, 2019, https: //news.berkeley.edu/2019/09/30 /collapse-of-desert-birds-due-to-heat-stress-from-climate-change/.

22. Jonathan L. Bamber et al., "Ice Sheet Contributions to Future Sea-Level Rise from Structured Expert Judgment," Proceedings of the NationalAcademy of Sciences 116, no. 23（2019）: 11195-1200, https: //dx.doi.org/10.1073%2Fpnas.1817205116.

第三章 | 身边城区，爱猫护鸟，如何兼顾，见波特兰

1. Kyo Maclear, Birds Art Life Death: The Art of Noticing the Small and Significant（London: 4th Estate Books, 2017）, 127.

2. Heidy Kikillus et al., "Cat Tracker New Zealand: Understanding Pet Cats through Citizen Science," Public Report（Wellington, New Zealand: Victoria University of Wellington, November 2017）, http: //cattracker.nz/wp-content/uploads/2017/12 /Cat-Tracker-New-Zealand_report_Dec2017.pdf.

3. Scott R. Loss, Tom Will, and Peter P. Marra, "The Impact of Free-Ranging Domestic Cats on Wildlife of the United States," Nature Communications 4, no. 1396（January 29, 2013）: 2, https://doi.org/10.1038/ncomms2380.

4. See Catio Tour, Portland, Oregon, https: //www.youtube.com/watch?time_

contin ue=22&v=TMlvtZnYrcw&feature=emb_logo.

5. Kikillus et al., "Cat Tracker," 20.

6. Kikillus et al., "Cat Tracker," 20.

7. Kurt Knebusch, "Feral Cats Avoid Urban Coyotes, Are Surprisingly Healthy," Ohio State University College of Food, Agricultural, and Environmental Sciences, November 14, 2013, https: //cfaes.osu.edu/news/articles/feral-cats-avoid-urban-coy otes-are-surprisingly-healthy.

8. Catherine M. Hall et al., "Assessing the Effectiveness of the Birdsbesafe Anti-predation Collar Cover in Reducing Predation on Wildlife by Pet Cats in Western Australia," Applied Animal Behaviour Science 173 (December 2015) : 40–51, https: //doi .org/10.1016/j.applanim.2015.01.004.

9. Cat Goods, "Frequent Answered Questions," https: //catgoods.com/faq/.

10. Murdoch University, "Protecting Wildlife from Cats," n.d., accessed June 11, 2020, http: //www.murdoch.edu.au/News/Protecting-wildlife-from-cats/.

11. ACCT Philly, "ACCT Philly Community Cat Program," n.d., accessed June 11, 2020, http: //www.acctphilly.org/programs/community-cats/.

12. For example, there is the case of Newburyport, Massachusetts, where over time and through attrition a feral cat colony essentially disappeared. See Daniel D. Spe-har and Peter J. Wolf, "An Examination of an Iconic Trap-Neuter-Return Program: The Newburyport, Massachusetts Case Study," Animals 7, no. 11 (November 2017) : 81, https: //dx.doi.org/10.3390/ani7110081.

13. R. J. Kilgour et al., "Estimating Free-Roaming Cat Populations and the Effects of One Year Trap-Neuter-Return Management Effort in a Highly Urban Area," Ur-ban Ecosystems 20 (2017) : 207–16, https: //doi.org/10.1007/s11252-016-0583-8.

14. I have written about several koala-friendly communities in Queensland and New South Wales, Australia, where cats and dogs are prohibited entirely. See Timothy Beatley and Peter Newman, Green Urbanism Down Under: Learningfrom Sustainable Communities in Australia (Washington, DC: Island Press, 2009) .

15. Charles Daugherty, professor of ecology, Victoria University, video interview in Wellington: A Biophilic City, https: //www.youtube.com/watch?v=7HqCfyjstyo.

16. Tim Park, presentation to the Biophilic Cities Network, October 2018.

17. Daugherty, video interview.

18. Wild Bird Fund, "About Us: Location and Hours," https: //www.wildbirdfund. org/about-us/location/.

19. Wild Bird Fund, "Humane Education," https: //www.wildbirdfund.org/education/.

20. Meryl Greenblatt, "Rita McMahon: Rehabilitating Injured Birds in New York City," Urban Audubon 38, no. 3 (Fall 2017) : 6, http: //www.nycaudubon.org/images/UA _Fall_2017_UA_final_reduced.pdf.

第四章 | 迁徙回家，于伦敦始，抵匹兹堡，腾出空间，欢迎雨燕，富于启发

1. From Anne Stevenson, "Swifts." The full poem can be found here: https: // www .poetryfoundation.org/poems/49866/swifts-56d22c67c55eb.

2. Kyo Maclear, Birds Art Life Death: The Art of Noticing the Small and Significant (London: 4th Estate Books, 2017) , 132.

3. Caroline Van Hemert, "Birds and Humans Can't Resist Zugunruhe—the Urge to Be Gone," Los Angeles Times, March 10, 2019, https: //www.latimes.com/ opinion /op-ed/la-oe-van-hemert-migration-birds-spring-20190310-story.html.

4. National Audubon Society, "Arctic Tern: Sternaparadisaea," n.d., accessed June 11, 2020, https: //www.audubon.org/field-guide/bird/arctic-tern.

5. Christina Holvey, "Record-Breaking Arctic Tern Migration Secrets Revealed," BBC Earth, June 7, 2016, http: //www.bbc.com/earth/story/20160603-mystery-migra tion-solved.

6. Van Hemert, "Birds and Humans."

7. Helen Glenny, "Humans May Have an Ancient Ability to Sense Magnetic Fields," Science Focus, March 23, 2019, https: //www.sciencefocus.com/news/ humans-may-have-an-ancient-ability-to-sense-magnetic-fields/.

8. Including "inert moth caterpillars" from the needles of pine trees.

9. Val Cunningham, "Birding: Golden-Crowned Kinglets Are Little Kings of the Forest," Minneapolis Star Tribune, January 27, 2015, https: //www.startribune.com / birding-golden-crowned-kinglets-are-little-kings-of-the-forest/289846351/.

10. "RSPB Helps Develop Brick That Gives Swifts a Home," Construction Index, August 16, 2018, https: //www.theconstructionindex.co.uk/news/view/rspb-helps-develop-brick-that-gives-swifts-a-home.

11. Sarah Knapton, "Welcome to Kingsbrook, Britain's Most Wildlife-Friendly Housing Development," Telegraph (London) , November 12, 2017, https: √/ www .telegraph.co.uk/science/2017/11/12/welcome-kingsbrook-britains-wildlife-friendly-housing-development/.

12. Several boroughs in London are now including Swift policies in their plans and codes. The City of London's Draft City Plan 2036, for example, contains provisions aimed at conserving biodiversity including Swifts and other birds: "6.6.26. Measures to enhance biodiversity should address the need to provide habitats that benefit the City's target species (house sparrows, peregrine falcons, swifts, black redstarts, bats, bumblebees and stag beetles) and by extension a wider range of insects and birds."

13. Adrian Thomas and Paul Stephen, Royal Society for the Protection of Birds, interview with the author at the offices of Kingsbrook, June 10, 2019.

14. Ketley Brick, "Walthamstow Wetlands," https: //www.ketley-brick.co.uk/ Walth amstow_Wetlands.html.

15. The Convention on Wetlands of International Importance; see The Ramsar Convention Secretariat, "The Ramsar Convention: What's It All About?," Fact Sheet 6, https://www.ramsar.org/sites/default/files/fs_6_ramsar_convention.pdf.

16. The short documentary that resulted can be found here: https: //vimeo.com/ 311286706.

17. Although on the night we visited and watched, it was estimated that around four thousand Swifts roosted.

18. Nikki Belmonte, executive director, Atlanta Audubon Society, interview with the author, April 11, 2019.

19. Jim Bonner, executive director, Audubon Society of Western Pennsylvania, in-terview with the author, April 22, 2019.

第五章｜流离失所，恢复栖息：菲尼克斯，城里洞穴，藏猫头鹰，重觅新家

1. Monica Gokey, "Burrowing Owls: Howdy Birds," BirdNote, July 2019, https: // www.birdnote.org/show/burrowing-owls-howdy-birds.
2. Clark Rushing, telephone interview with the author, March 29, 2019.
3. Norman L. Christensen and William H. Schlesinger, "N.C. Forests Are Un-der Assault: Gov. Cooper Should Help," Charlotte（NC）Observer, November 14, 2017, https: //www.charlotteobserver.com/opinion/op-ed/article184561713. html. Ironically, it seems that any renewable energy benefits from the pellets may be vitiated by the en-ergy costs associated with transport of the pellets to Europe, where they are burned: "Biomass cannot be transported more than a short distance before the energy it con-tains is equivalent to the energy needed to haul it."
4. See Elizabeth Ouzts, "In North Carolina, Wood Pellet Foes See Opportunity in Cooper's Climate Order," Energy News Network, January 2, 2019, https: // energy news.us/2019/01/02/southeast/in-north-carolina-wood-pellet-foes-see-opportunity-in-coopers-climate-order/.
5. Clark S. Rushing, Thomas B. Ryder, and Peter P. Marra, "Quantifying Drivers of Population Dynamics for a Migratory Bird throughout the Annual Cycle," Proceedings of the Royal Society B: Biological Sciences 283, no. 1823（January 27, 2016）, https: //doi .org/10.1098/rspb.2015.2846.
6. Anjali Mahendra and Karen C. Seto, "Upward and Outward Growth: Managing Urban Expansion for More Equitable Cities in the Global South," World Resources Institute Working Paper, 2019, https: //wriorg.s3.amazonaws.com/s3fs-public/upward-outward-growth_2.pdf.
7. Bruno Oberle et al., "Summary for Policymakers: Global Resources Outlook 2019; Natural Resources for the Future We Want," International Resource Panel, United Nations Environment Programme, 2019, https: //wedocs.unep.org/bitstream/ handle/20.500.11822/27518/GRO_2019_SPM_EN.pdf?sequence=1&isAllowed=y.
8. From 88 billion metric tons in 2015 to 190 billion in 2019.
9. Jennifer Skene and Shelley Vinyard, "The Issue with Tissue: How Americans Are Flushing Forests Down the Toilet," Natural Resources Defense Council, Feb-ruary 2019, https: //www.nrdc.org/sites/default/files/issue-tissue-how-americans-are-flushing-forests-down-toilet-report.pdf.
10. Scott Weidensaul, "Losing Ground: What's behind the Worldwide Decline of Shorebirds?," Cornell Lab of Ornithology, September 19, 2018, https: //www. allabou tbirds.org/news/losing-ground-whats-behind-the-worldwide-decline-of-shorebirds/.
11. See David Hasemyer, "Plan for Fracking's Waste Pits Could Save Millions of Birds," InsideClimate News, June 15, 2015, https: //insideclimatenews.org/ news /09062015/fracking-gas-drilling-waste-pits-could-save-millions-birds-hydraulic-fracturing-audobon-society.
12. Elizabeth Shogren, "Killing Migratory Birds, Even Unintentionally, Has

Been a Crime for Decades. Not Anymore," Reveal, April 8, 2019, https: //www.
revealnews.org /article/killing-migratory-birds-even-unintentionally-has-been-a-
crime-for-d ecades-not-anymore/.

13. Liz Teitz, "Deemed an Aircraft Hazard, Egrets on San Antonio Urban Lake
Will Be Asked to Leave," San Antonio Express-News, February 11, 2019, https: //
www .expressnews.com/news/local/article/Deemed-an-aircraft-hazard-egrets-
on-San-Antonio-13602818.php#photo-14721529.

14. Nikki Belmonte, video interview at Piedmont Park, Atlanta, Georgia, April 10,
2019.

15. Burrowing Owls: Building Habitat in Phoenix, AZ, https: //www.biophiliccities .
org/burrowing-owls-film.

16. Cathy Wise, Audubon Arizona, interview with the author at the Rio Salado
Habitat Restoration Area, Phoenix, Arizona, March 8, 2019.

17. And a recent experimental study shows they can take advantage of alarm
calls of Southern Lapwings; see Matilde Cavalli et al., "Burrowing Owls Eavesdrop
on South-ern Lapwings' Alarm Calls to Enhance Their Antipredatory Behaviour,"
Behavioural Processes 157 (December 2018) : 199-203, https: //doi.org/10.1016/
j.beproc.2018.10.002.

18. Greg Clark, interview with the author and site visit, Wild At Heart, Phoenix,
Arizona, March 8, 2019.

19. Matthew P. Rowe, Richard G. Coss, and Donald H. Owings, "Rattlesnake
Rattles and Burrowing Owl Hisses: A Case of Acoustic Batesian Mimicry," Ethol-
ogy 72, no. 1 (January-December 1986) : 53-71, https: //doi.org/10.1111/j.1439-
0310.1986 .tb00605.x.

20. Florida Fish and Wildlife Conservation Commission, "A Species Action Plan
for the Florida Burrowing Owl, Athene cuniculariafloridana," Final Draft, November
1, 2013, https: //myfwc.com/media/2113/burrowing-owl-species-action-plan-final-
draft .pdf.

21. Florida Fish and Wildlife Conservation Commission, "Species
Conservation Measures and Permitting Guidelines: Florida Burrowing Owl, Athene
cuniculariaflori-dana," 2018, https: //myfwc.com/media/2028/floridaburrowingowlgui
delines-2018.pdf.

第六章 | 垂直雀城，立于星洲，犀鸟繁衍

1. Rachel L. Carson, The Sense of Wonder: A Celebration of Naturefor Parents
and Children (New York: HarperCollins, 1956) , 74.

2. Shayna Toh, "Visiting Pair of Hornbills Thrill Condo Residents," Straits
Times (Singapore) , August 25, 2017, https: //www.straitstimes.com/singapore/
environment /visiting-pair-of-hornbills-thrill-condo-residents.

3. Marc Cremades and Ng Soon Chye, Hornbills in the City: A Conservation
Ap-proach to Hornbill Study in Singapore (Singapore: National Parks Board,
2012) , 85.

4. Cremades and Chye, Hornbills in the City, 205.

5. Neo Chai Chin, "The Big Read: Gynaecologist Goes from Observing

Sea Life to Watching Birds," Today（Singapore）, June 17, 2016, https: //www. todayonline.com /singapore/big-read-gynaecologist-goes-observing-sea-life-then-skies.

6. Anuj Jain, "Final Report: OASIA Downtown Biodiversity and Social Audit," BioSEA, April 18, 2018.

7. Boeri Studio, Milan, "Vertical Forest," project description, accessed March 2019, https: //www.stefanoboeriarchitetti.net/en/project/vertical-forest/.

8. Richard N. Belcher et al., "Birds Use of Vegetated and Non-vegetated High-Density Buildings—a Case Study of Milan," Journal of Urban Ecology 4, no. 1 （July 2018）, https: //doi.org/10.1093/jue/juy001.

9. For more detail about this project, see Tim Beatley, "Designers Walk: Toronto's New Forest in the Sky," Biophilic Cities Journal 3, no. 1（November 2019）: 23-25, https: //static1.squarespace.com/static/5bbd32d6e66669016a6af7e2/t/5de9260c18cc940f eec96695/1575560721367/BCJ+V3+IS1_Designers+Walk.pdf.

10. Brian Brisbin, interview with the author, July 2019.

第七章 | 赏鸟于城，观念亦变

1. Katie Fallon, Vulture: The Private Life of an Unloved Bird（Lebanon, NH: ForeEdge, an imprint of University Press of New England, 2017）, 1-2.

2. Daniel T. C. Cox and Kevin J. Gaston, "Urban Bird Feeding: Connecting Peo-ple with Nature," PLoS ONE 11, no. 7（2016）: e0158717, https: //doi.org/10.1371/journal .pone.0158717.

3. Chinmoy Sarkar, Chris Webster, and John Gallacher, "Residential Greenness and Prevalence of Major Depressive Disorders: A Cross-Sectional, Observational, Asso-ciational Study of 94, 879 Adult UK Biobank Participants," Lancet 2, no. 4（April 2018）: E162-73, https: //doi.org/10.1016/S2542-5196（18）30051-2.

4. Joe Harkness, Bird Therapy（London: Unbound, 2019）.

5. Harkness, Bird Therapy, 247.

6. Severin Carrell, "Scottish GPs to Begin Prescribing Rambling and Birdwatching," Guardian, October 4, 2018, https: //www.theguardian.com/uk-news/2018/oct/05 /scottish-gps-nhs-begin-prescribing-rambling-birdwatching.

7. Daniel T. C. Cox et al., "Doses ofNeighborhood Nature: The Benefits for Mental Health of Living with Nature," BioScience 67, no. 2（February 2017）: 147-55, https: //doi .org/10.1093/biosci/biw173.

8. Nikkie West, interview with the author, 2019.

9. Desirée L. Narango, Douglas W. Tallamy, and Peter P. Marra, "Nonnative Plants Reduce Population Growth of an Insectivorous Bird," Proceedings of the NationalAcad-emy of Sciences 115, no. 45（2018）: 11549-54, https: //doi.org/10.1073/pnas.1809259115.

10. For an excellent review of the history of the American lawn and the forces that helped to bring it about, see David Botti, "The Great American Lawn: How the Dream Was Manufactured," video, New York Times, August 9, 2019, https: //www.nytimes.com/video/us/100000006542254/climate-change-lawns.html.

11. City of Vancouver, British Columbia, "Pacific Great Blue Herons Return to Stanley Park for 19th Year," March 20, 2019, https: //vancouver.ca/news-calendar/pa cific-great-blue-herons-return-to-stanley-park-for-19th-year.aspx.

12. Jim Bonner, interview with the author, April 22, 2019.

13. City of Moraine, Ohio, "The City of Moraine Historical Markers Map," n.d., http: //ci.moraine.oh.us/pdf/Historical%20Markers%20Flyer.pdf.

14. Fallon, Vulture.

15. OhioTraveler.com, "Hinckley Buzzard Sunday," n.d., https: //www. ohiotraveler .com/hinckley-buzzard-sunday/.

16. Hinckley Township, Medina County, Ohio, http: //www.hinckleytwp.org/.

17. This interview and much of the content about the Lima Vultures was included in an "Ever Green" column in Planning magazine, November 2016.

18. The numbers of three Indian species of Vultures were reduced from an esti-mated 40 million in India in the 1990s to only tens of thousands by 2007. "In just over a decade, they were gone, their numbers plummeting to near extinction." Prerna Singh Bindra, "With India's Vulture Population at Death's Door, a Human Health Crisis May Not Be Far Off," Scroll.in, February 13, 2018.

19. Staff of Green Balkans, interview with the author, April 18, 2019.

20. Maureen Murray, "Anticoagulant Rodenticide Exposure and Toxicosis in Four Species of Birds of Prey in Massachusetts, USA, 2012-2016, in Relation to Use of Rodenticides by Pest Management Professionals," Ecotoxicology 26 (October 2017) : 1041-50, https: //doi.org/10.1007/s10646-017-1832-1.

21. GrrlScientist, "Rat Poison Is Killing San Francisco's Parrots of Telegraph Hill," Forbes, March 27, 2019, https: //www.forbes.com/sites/grrlscientist/2019/03/27/rat-poison-is-killing-san-franciscos-parrots-of-telegraph-hill/#29116d8f48e6.

22. For example, see Laurel E. K. Serieys et al., "Widespread Anticoagulant Poison Exposure in Predators in a Rapidly Growing South African City," Scienceof the TotalEn-vironment 666 (May 20, 2019) : 581-90, https: //doi.org/10.1016/j.scitotenv.2019.02.122.

23. American Bird Conservancy, "New Study: Over Two-Thirds of Fatalities of Endangered California Condors Caused by Lead Poisoning," February 8, 2012, https: // abcbirds.org/article/new-study-over-two-thirds-of-fatalities-of-endangered-califor nia-condors-caused-by-lead-poisoning/.

24. Rumiyana Surcheva and Ivelin Ivanov, project manager for Bright Future for the Black Vulture, Green Balkans, interviews with the author, April 18, 2019.

25. Green Balkans, "Yet Another Egyptian Vulture Pair Have a Second Egg in the Green Balkans Wildlife Rehabilitation and Breeding Centre!," May 3, 2019, https: //greenbalkans.org/en/Yet_another_Egyptian_Vulture_pair_have_a_second_egg_in _the_Green_Balkans_Wildlife_Rehabilitation_and_Breeding_Centre_-p7072-y2019.

26. See Michael Woodbridge and Scott Flaherty, "California Condors: A Recov-ery Success Story Faces New Challenges," US Fish and Wildlife Service Endan-gered Species Program, 2012, https: //www.fws.gov/endangered/map/ESA_success _stories/CA/CA_story1/index.html; Reis Thebault, "The Largest Bird in North America Was Nearly Wiped Out. Here's How It Fought Its Way

Back," Washing-ton Post, July 22, 2019, https: //www.washingtonpost.com/
science/2019/07/23/california-condor-hatchlings-hit-conservation-milestone/.

27. Jeremy Bowen, "A Bulgarian Vulture's Odyssey into Yemeni War
Zone," BBC News, April 18, 2019, https: //www.bbc.com/news/world-middle-
east-47974725.

28. Kate St.John, "Gifts from Crows," Outside My Window (blog), February
15, 2019, https: //www.birdsoutsidemywindow.org/2019/02/15/gifts-from-crows/.

29. Katie Sewall, "The Girl Who Gets Gifts from Birds," BBC News, February
25, 2015, https: //www.bbc.com/news/magazine-31604026.

30.John Marzluffand Tony Angell, Gifts of the Crow: How Perception, Emotion,
and Thought Allow Smart Birds to Behave Like Humans (New York: Atria, 2012),
138.

31. Can Kabadayi and Mathias Osvath, "Ravens Parallel Great Apes in Flexible
Planning for Tool-Use and Bartering," Science 357, no. 6347 (July 14, 2017):
202-4, https: //doi.org/10.1126/science.aam8138.

32. Michael Roggenbuck et al., "The Microbiome of New World Vultures,"
Nature Communications, November 25, 2014, https: //www.nature.com/articles/
ncomms6498.

33. Pileated Woodpeckers are described as "keystone habitat modifiers"
in Keith B. Aubrey and Catherine M. Raley, "The Pileated Woodpecker as a
Keystone Habitat Modifier in the Pacific Northwest," 2002, USDA Forest Service
General Technical Report PSW-GTR-181, https: //www.fs.fed.us/psw/publications/
documents/gtr-181 /023_AubryRaley.pdf.

第八章 | 安全过境：旧金山市，示范引领，为鸟平安，设计建筑

1. Terry Tempest Williams, When Women Were Birds: Fifty-Four Variations on
Voice (New York: Picador, 2013) , 225.

2. Bulgarian Society for the Protection of Birds, "Egyptian Vulture," http: //bspb.
org/en/threatened-species/egyptian-vulture.html.

3. Scott R. Loss et al., "Bird-Building Collisions in the United States: Estimates
of Annual Mortality and Species Vulnerability," Condor 116, no. 1 (2014): 8-23,
https: // doi.org/10.1650/CONDOR-13-090.1.

4. Daniel Klem Jr., "Bird-Window Collisions: A Critical Animal Welfare and
Con-servation Issue," Journal of Applied Animal Welfare Science 18, no. sup1
(October 2015): S11-S17, http: //dx.doi.org/10.1080/10888705.2015.1075832.

5. Daniel Klem, interview with the author, March 29, 2019.

6. Michael Mesure, telephone interview with the author, March 21, 2019.

7. Kathleen Clark and Ben Wurst, "Peregrine Falcon Research and
Management Program in New Jersey, 2018," New Jersey Department of
Environmental Protection, Division of Fish and Wildlife, https: //www.nj.gov/dep/fgw/
ensp/pdf/pefa18_report .pdf.

8. David Perlman, "Exploratorium Sets 'Net-Zero' Energy Goal," San
Francisco Chronicle, April 9, 2013, https: //www.sfchronicle.com/science/article/
Exploratorium-sets-Net-Zero-energy-goal-4422432.php.

9. See San Francisco Planning Department, "Standards for Bird-Safe Buildings," adopted July 14, 2011, https: //sfplanning.org/sites/default/files/documents/reports /bird_safe_bldgs/Standards%20for%20Bird%20Safe%20 Buildings%20-%2011-30-11 .pdf.

10. San Francisco Planning Department, "Standards for Bird-Safe Buildings," 32.

11. Moe Flannery, interview with the author, March 13, 2019.

12. Logan Q. Kahle, Maureen E. Flannery, and John P. Dumbacher, "Bird-Window Collisions at a West-Coast Urban Park Museum: Analyses of Bird Biology and Win-dow Attributes from Golden Gate Park, San Francisco," PLoS ONE 11, no. 1（January 5, 2016）: e0144600, https: //doi.org/10.1371/journal.pone.0144600.

13. "Mira," https: //studiogang.com/project/mira.

14. Sam Lubell, "Vikings Stadium: Reflector of Light, Murderer of Birds," Wired, March 10, 2017, https: //www.wired.com/2017/03/vikings-stadium-reflector-light-murderer-birds/.

15. American Bird Conservancy, "World's First Bird-Friendly Arena Opens," Bird-Watching, January 8, 2019, https: //www.birdwatchingdaily.com/news/conservation /worlds-first-bird-friendly-arena-opens/.

16. Susan Bence, "The World's Dangerous for Birds—Fiserv Forum Makes It a Lit-tle Safer," WUWM, January 16, 2019, https: //www.wuwm.com/post/worlds-dangerous-birds-fiserv-forum-makes-it-little-safer#stream/0.

17. See Kyle G. Horton et al., "Bright Lights in the Big Cities: Migratory Birds' Exposure to Artificial Light," Frontiers in Ecology and the Environment 17, no. 4（May 2019）: 209-14, https: //doi.org/10.1002/fee.2029.

18. Lewis Lazare, "Flaws in Design of Apple Store in Chicago Might Make It Tough to Sell," Chicago Business Journal, May 21, 2018, https: //www.bizjournals.com /chicago/news/2018/03/21/flaws-in-design-of-apple-store-in-chicago.html.

19. Blair Kamin, "New Apple Store to Dim Lights at Night after Group Says Birds Are Flying into Its Glass," Chicago Tribune, October 30, 2017, https: //www.chicagotri bune.com/news/breaking/ct-met-apple-store-and-birds-1027-story.html.

20. Judy Pollock, president, Chicago Audubon Society, interview with the author, April 2019.

21. See City of Chicago, "Chicago Sustainable Development Policy," updated January 2017, https: //www.chicago.gov/city/en/depts/dcd/supp_info/sustainable_ develop ment/chicago-sustainable-development-policy-update.html.

22. It is not clear how the city will strengthen and give priority to birds in the existing Sustainable Development Policy. Judy Pollock told me she holds some hope that they will be able to somehow make bird-safe design mandatory, but this all remains to be seen. She is encouraged that the city has asked her group, Bird Friendly Chicago, to help write the provisions that will be added to the policy.

23. Lisa W. Foderaro, "Renovation at Javits Center Alleviates Hazard for Manhat-tan's Birds," New York Times, September 4, 2015, https: //www.nytimes.com/2015/09/05 /nyregion/making-the-javits-center-less-deadly-for-birds.html.

24. Caroline Spivack, "Bird-Friendly Buildings Bill Takes Flight in City Council," Curbed New York, December 10, 2019, https: //ny.curbed.com/2019/12/10/21005140/

bird-friendly-buildings-bill-passes-city-council.

25. Chip DeGrace, interview with the author, site visit at Interface headquarters, Atlanta, Georgia, April 10, 2019.

26. Snøhetta, "Ryerson University Student Learning Centre," https: //snohetta. com/project/250-ryerson-university-student-learning-centre.

27. Acopian BirdSavers, https: //www.birdsavers.com/acopian-birdsavers-faq-fre quently-asked-questions.html.

28. J. K. Garrett, P. F. Donald, and K. J. Gaston, "Skyglow Extends into the World's Key Biodiversity Areas," Animal Conservation (July 2018) : 153-59, https:// doi .org/10.1111/acv.12480.

29. Adam Betuel, Atlanta Audubon, interview with the author, April 11, 2019.

30. Susan Elbin, interview with the author, January 31, 2019.

31. Kyle G. Horton et al., "Bright Lights in the Big Cities: Migratory Birds' Exposure to Artificial Light," Frontiers in Ecology and the Environment 17, no. 4(May 2019) : 209-14, https: //doi.org/10.1002/fee.2029.

32. Benjamin M. Van Doren et al., "High-Intensity Urban Light Installation Dramatically Alters Nocturnal Bird Migration," Proceedings of the National Academy of Sciences 114, no. 42 (October 2, 2017) : 11175-80, https: //doi.org/10.1073/ pnas.1708574114.

33. Van Doren et al., "High-Intensity Urban Light."

34. Jesse Greenspan, "Making the 9/11 Memorial Lights Bird-Safe," National Audubon Society, September 11, 2015, https: //www.audubon.org/news/making-911-memorial-lights-bird-safe.

35. Javits Center, "A Year in Review: FY 2017-2018; Javits Center Annual Report," https: //www.javitscenter.com/media/118901/8027_javits_annual_report_ fy18_112718 _spreads-3.pdf.

36. Javits Center, "Year in Review."

37. Katie Zemtseff, "Urban Meadow Thrives on Rooftop," (Spokane, WA) Spokes-man-Review, May 21, 2010, https: //www.spokesman.com/stories/2010/ may/21/urban-meadow-thrives-on-rooftop/.

38. PS 41, Greenwich Village School, "Greenroof Environmental Literacy Labora-tory," https: //www.ps41.org/apps/pages/index.jsp?uREC_ ID=357954&type=d.

39. PS 41, "Greenroof. "

40. Vicki Sando, PS 41, Manhattan, New York, interview with the author, March 5, 2019.

41. PS 41, "Greenroof. "

42. PS 41, "Greenroof. "

43. Dustin R. Partridge and J. Alan Clark, "Urban Green Roofs Provide Habitat for Migrating and Breeding Birds and Their Arthropod Prey," PLoS ONE 13, no. 8 (August 29, 2018) : e0202298, https: //doi.org/10.1371/journal.pone.0202298.

44. Partridge and Clark, "Urban Green Roofs."

45. Choose Chicago, "Chicago's Bird Sanctuaries," https: //www. choosechicago .com/articles/parks-outdoors/chicagos-bird-sanctuaries/.

46. Scott R. Loss, Tom Will, and Peter P. Marra, "Estimation of Bird-Vehicle

Col-lision Mortality on U.S. Roads," Journal of Wildlife Management 78, no. 5（July 2014）: 763-71, https: //doi.org/10.1002/jwmg.721.

47. Loss, Will, and Marra, "Bird-Vehicle Collision Mortality," 769-70.

48. US Green Building Council, "Bird Collision Deterrence," https: //www. usgbc.org/credits/core-shell-existing-buildings-healthcare-new-construction-retail-nc-schools/v2009/pc55.

第九章 | 都峡之鸟：多伦多市，提高认识，塑造人居，开创贡献

1. Joe Harkness, Bird Therapy（London: Unbound, 2019）.

2. Kyo Maclear, Birds Art Life Death: The Art of Noticing the Small and Significant（London: 4th Estate Books, 2017）, 132.

3. Michael Mesure, webinar presentation to the Biophilic Cities Network, 2017.

4. Michael Mesure, interview with the author, April 2019.

5. Jenna McKnight, "Fritted Glass Creates Patterned Facade for Ryerson University Student Centre by Snøhetta," Dezeen, https://www.dezeen.com/2015/12/03/student-learning-centre-ryerson-university-toronto-snohetta-zeidler-partnership-architects-fritted-glass/.

6. Susan Krajnc, interview with the author, October 12, 2018.

7. BirdSafe, "Homes Safe for Birds," n.d., https: //birdsafe.ca/homes-safe-for-birds/, produced by FLAP Canada, funded in part through LUSH Fresh Handmade Cosmetics Canada.

8. See https: //birdmapper.org/.

9. City of Toronto, "Toronto's Ravine Strategy: Draft Principles and Actions"（Toronto, Ontario: City of Toronto, Parks and Environment Committee, June 2016）, https: //www.toronto.ca/legdocs/mmis/2016/pe/bgrd/backgroundfile-94435.pdf.

10. Toronto, "Ravine Strategy," 1.

11. Nina-Marie Lister and Cam Collyer, walking interview with the author at Evergreen Brick Works, October 11, 2018.

12. Francine Kopun, "How Toronto's Ravines Have Become Critically Ill—and How They Can Be Saved," Toronto Star, November 11, 2018, https: //www.thestar. com /news/gta/2018/11/07/how-torontos-ravines-have-become-critically-ill-and-how-they-can-be-saved.html.

13. Joe Fiorito, "Trees Come Down on Bloor, and Condos Will Go Up," Toronto Star, June 19, 2013, https: //www.thestar.com/news/gta/2013/06/19/trees_come_down _on_bloor_and_condos_will_go_up.html.

14. Emily Rondel, "High Park NighthawkWatch:（Not-So-Common）Common Nighthawks," High Park Nature, n.d., https: //www.highparknature.org/wiki/wiki. php?n=Birds.NighthawkWatch.

15. Diana Beresford-Kroeger, To Speakfor the Trees: My Life's Journeyfrom Ancient Celtic Wisdom to a Healing Vision of the Forest（Toronto, Ontario: Random House Can-ada, 2019）.

16. See https: //themeadoway.ca.

17. Trevor Heywood, "Greenline: Expanding the Meadoway Treatment to Toronto's Hydro Transmission System," Metroscapes, May 2, 2019.

第十章 | 鹦鹉惊起：反对修路，奋力护鸟，保护灌木

1. For the complete lyrics to Coldplay's "Fly On," see https: //genius.com / Coldplay-fly-on-lyrics.

2. An earlier, shorter version of this account appeared as a blog post in The Nature of Cities collective blog. Tim Beatley, "Black Cockatoo Rising: The Struggle to Save the Bushland in the City," The Nature of Cities（blog）, August 9, 2017, https: //www.th enatureofcities.com/2017/08/09/black-cockatoo-rising-struggle-save-bushland-city/.

3. Government of Western Australia, "EPA Technical Report: Carnaby's Cocka-too in Environmental Impact Assessment in the Perth and Peel Region," May 2019, https: //www.epa.wa.gov.au/sites/default/files/Policies_and_Guidance/EPA%20 Technical%20Report%20Carnaby%27s%20Cockatoo%20May%202019.pdf.

4. Hugh C. Finn and Nahiid S. Stephens, "The Invisible Harm: Land Clearing Is an Issue of Animal Welfare," Wildlife Research 44, no. 5（2017）: 377-91, https: // doi .org/10.1071/WR17018.

5. Peter Newman, email communication with the author, November 21, 2019.

6. See https: //www.blackcockatoorecovery.com/.

7. Jo Manning, "500th Rehabilitated Black Cockatoo Released into the Wild," Murdoch University, April 23, 2018, https: //phys.org/news/2018-04-500th-black-cockatoo-wild.html.

8. See Australian Fauna Care, "Kaarakin Black Cockatoo Rehabilitation Centre," https: //www.fauna.org.au/kaarakin.html.

9. Claire Tyrrell, "Cockatoo on Song as a Dad After Being Shot," West Australian, December 20, 2018, https: //thewest.com.au/news/animals/cockatoo-on-song-as-a-dad-after-being-shot-ng-b881055822z.

10. Trevor Paddenburg, "Endangered Red-tailed Black Cockatoos Seek Shelter in Perth," PerthNow, May 13, 2018, https: //www.perthnow.com.au/news/wildlife/endan gered-red-tailed-black-cockatoos-seek-shelter-in-perth-ng-b88824116z. Veterinarian Simone Vitali noted that "vehicle strike is the main reason they're being injured around Perth, because the birds can be slow to take off and they tend to congregate at roadside puddles to drink."

11. Lucy Martin, "Prisoners Help Rehabilitate Black Cockatoos at Kaarakin Con-servation Centre," ABC News（Australia）, May 31, 2014, https: //www.abc. net.au /news/2014-05-30/prison-inmates-looking-after-cockatoos/5486642.

12. And, as one prisoner noted, the visits to the center are so important to inmates that they have become a positive incentive for good behavior. Martin, "Prisoners Help."

第十一章 | 鸟城气息：鸟类友好，如何深化，何以度量？

1. The excerpt is from Emily Dickinson's poem " 'Hope'is the thing with feathers."

"Hope" is the thing with feathers—

263

That perches in the soul—
And sings the tune without the words—
And never stops—at all—
And sweetest—in the Gale—is heard—
And sore must be the storm—
That could abash the little Bird
That kept so many warm—
I've heard it in the chillest land—
And on the strangest Sea—
Yet—never—in Extremity,
It asked a crumb—of me.

2. City ofVancouver, British Columbia, "Vancouver Bird Strategy," January 2015, iii, https: //vancouver.ca/files/cov/vancouver-bird-strategy.pdf.

3. Alan Duncan, City of Vancouver, interview with the author, March 28, 2019.

4. City of Vancouver, British Columbia, "Words for Birds: A Creative Inquiry," https: //vancouver.ca/parks-recreation-culture/words-for-birds.aspx.

5. Beth Boone, "Bird of Houston Press Release," Houston Audubon, September 24, 2019, https: //houstonaudubon.org/newsroom.html/article/2019/09/24/bird-of-houston-press-release.

6. Nader Issa, "Designs Unveiled for World's First Floating 'Eco-Park' Planned for Chicago River," Chicago Tribune, February 7, 2019, https: //chicago.suntimes.com /news/chicago-river-eco-park-floating-river-worlds-first/.

7. For more about the Wild Mile, see "Wild Mile Chicago," https: //www.wildmile chicago.org/about-us.

8. "Controlled Burn of Prairie in Calvary Cemetery," St. Louis Post-Dispatch, De-cember 10, 2018, https: //www.stltoday.com/news/local/metro/controlled-burn-of-prairie-in-calvary-cemetery/youtube_b5561739-045d-5b38-ae47-87be62cec65b.html.

9. Laura Thompson, planner, Association of Bay Area Governments, interview with the author, July 17, 2019.

10. Melissa R. Marselle, Sara L. Warber, and Katherine N. Irvine, "Growing Re-silience through Interaction with Nature: Can Group Walks in Nature Buffer the Effects of Stressful Life Events on Mental Health?," International Journal of Environmental Research and Public Health 16, no. 6 (March 2019) : 986, https: //dx.doi .org/10.3390%2Fijerph16060986.

11. One of the most important projects is the South Bay Salt Pond Restoration Project; see https: //www.southbayrestoration.org/.

12. See the bill here: https: //www.congress.gov/bill/116th-congress/house-bill/919 /text.

13.Designer MitchellJoachim said, "It's essentially a vertical meadow for butterflies." See Adele Peters, "The Outside ofThis New Office Building Will Be a Giant Butter-fly Sanctuary," Fast Company, May 16, 2019, https: //www.fastcompany.com/90349805 /the-outside-of-this-new-office-building-will-be-a-giant-butterfly-sanctuary.

14.Jeff Mulhollem, "Native Forest Plants Rebound When Invasive Shrubs

Are Re-moved," Penn State News, May 14, 2019, https: //news.psu.edu/ story/574315/2019/05/14 /research/native-forest-plants-rebound-when-invasive-shrubs-are-removed.

15. Jorge A. Tomasevic and John M. Marzluff, "Use of Suburban Landscapes by the Pileated Woodpecker (Dryocopus pileatus) ," Condor 120, no. 4 (November 1, 2018) : 727–38, https: //doi.org/10.1650/CONDOR-17-171.1.

16. Doug Tallamy, interview with the author, March 13, 2020.

17. Audubon's Native Plants Database can be found here: https: //www. audubon .org/native-plants.

18. For example, the city of Freiburg. See Timothy Beatley, ed., Green Cities of Eu-rope: Global Lessons on Green Urbanism (Washington, DC: Island Press, 2012) .

19. Kyle G. Horton et al., "Bright Lights in the Big Cities: Migratory Birds'Expo-sure to Artificial Light," Frontiers in Ecology and the Environment 17, no. 4 (May 2019) : 209–14, https: //doi.org/10.1002/fee.2029.

20. Texas Trees Foundation, "Urban Heat Island Management Study: Dallas 2017," https: //www.texastrees.org/wp-content/uploads/2019/06/Urban-Heat-Island-Study-August-2017.pdf.

21. Carl Elefante, Colonnade Club, University of Virginia, interview with the au-thor and Stella Tarnay, October 1, 2018.

22. Samir Shukla, "Birdsongs and Urban Planning," Serendipityin (blog) , October 22, 2018, https: //serendipityin.blog/2018/10/22/birdsongs-and-a-city/.

23. International Energy Agency, "The Future of Cooling," 2016.

24. Eleanor Ratcliffe, Birgitta Gatersleben, and Paul T. Sowden, "Bird Sounds and Their Contributions to Perceived Attention Restoration and Stress Recovery," Jour-nal of Environmental Psychology 36 (December 2013) : 221–28, https: //doi.org/10.1016/j .jenvp.2013.08.004.

25. Disguise, "Fixed Install—2018: Flight Paths," https: //www.disguise.one/en/ showcases/fixed-install/flight-paths/.

26. Site visit and interviews at Aldea, New Mexico, July 6, 2019.

27. DanielT. C. Cox and Kevin J. Gaston, "Urban Bird Feeding: Connecting People with Nature," PLoS ONE 11, no. 7 (2016) : e0158717, 12–13, https: //doi. org/10.1371/jour nal.pone.0158717.

28. For example, see National Audubon Society, "2019 Audubon Photography Awards," https: //www.audubon.org/photoawards-entry.

29. See https: //www.monticellobirdclub.org/bird-photography-contest/.

30. New York Times Editorial Board, "Public Art Takes Flight," New York Times, October 24, 2017, https: //www.nytimes.com/2017/10/24/opinion/audubon-public-art-nyc.html.

31. "About Xavi Bou," Ornitographies (blog) , n.d., http: //www.xavibou.com/ index .php/project/about-xavi-bou/.

32. "About Xavi Bou." See also Laura Mallonee, "Mesmerizing Photos Capture the Flight Patterns of Birds," Wired, August 10, 2016, https: //www.wired. com/2016/08 /xavi-bou-ornitographies/.

33. Miranda Brandon, "Impact," http: //www.mirandabrandon.com/impact.html.

265

See also Rene Ebersole, "Bird vs. Building: Portraits of Flight Gone Wrong; Minneapolis Artist Miranda Brandon Gives Victims of Bird Strikes New Life," Audu-bon, October 2015, https: //www.audubon.org/magazine/september-october-2015 / bird-vs-building-portraits-flight-gone.

34. See, for instance, Bird Studies Canada, "Map-Guide to Common Birds of Van-couver," https: //vancouver.ca/files/cov/map-guide-common-birds-of-vancouver.pdf.

35. Matthew Knittel, Cleveland Metroparks, interview with the author, April 17, 2019.

36. Peter Fisher, "Drones Killing Birds: What Can Be Done?," Independent Aus-tralia, May 19, 2019, https: //independentaustralia.net/life/life-display/drones-killing-birds-what-can-be-done, 12719.

37. Richard Louv, Our Wild Calling: How Connecting with Animals Can Transform Our Lives—and Save Theirs (Chapel Hill, NC: Algonquin Books, 2019) , 40.

第十二章 | 培养意识，关爱鸟类，公民责任

1. For the complete lyrics to "Make a Little Birouse in Your Soul," see https: //genius.com/They-might-be-giants-birouse-in-your-soul-lyrics.

2. Mary Elfner, interview with the author, May 10, 2019.

3. See the video Richmond City School Students Saving the Wood Thrush, https: //vpm.org/articles/3689/join-richmond-city-school-students-in-saving-the-wood-thrush.

4. Richmond Audubon Society, "Team Warbler Project," http: //www.richmond audubon.org/team-warbler-project/.

5. Atlanta Audubon also runs a teacher education program called Taking Wing, which assists teachers in using birds as a lens for teaching other subjects.

6. See International Living Future Institute, "Living Building Challenge," https: //living-future.org/lbc/.

7. eBird, "About eBird," https: //ebird.org/about.

8. Richard Schuster et al., "Optimizing the Conservation of Migratory Species over Their Full Annual Cycle," Nature Communications 10, no. 1754 (2019) , https:// doi .org/10.1038/s41467-019-09723-8.

9. J. Drew Lanham, The Home Place: Memoirs of a Colored Man's Love Affair with Nature (Minneapolis, MN: Milkweed, 2016) , 153.

10. Lanham, Home Place, 157.

11. Olivia Gentile, "A Feminist Revolution in Birding," Medium, April 13, 2019, https: //medium.com/@oliviagentile/a-feminist-revolution-in-birding-95d81f4ab79b.

12. Karin Brulliard, "Sorry, Birdwatchers: People Think You're Creepy," Washington Post, April 13, 2016, https: //www.washingtonpost.com/news/animalia/ wp/2016/04/13 /sorry-birdwatchers-people-think-youre-creepy-according-to-this-study/.

13. Dana Fisher, Erika Svendsen, and James Connolly, Urban Environmental

Stew-ardship and Civic Engagement: How Planting Trees Strengthens the Roots of Democracy（London: Routledge, 2016）, 111.

14. Fisher, Svendsen, and Connolly, Urban Environmental Stewardship, 113.

15. Robert D. Putnam, Bowling Alone: The Collapse and Revival of American Com-munity（New York: Simon and Schuster, 2001）.

16. Fisher, Svendsen, and Connolly, Urban Environmental Stewardship, 59.

17. Margaret Renkl, "Surviving Despair in the Great Extinction," May 13, 2019, https: //www.nytimes.com/2019/05/13/opinion/united-nations-extinction.html?action = click&module=Opinion&pgtype=Homepage.

18. Anna Lappé, "What the 'Insect Apocalypse' Has to Do with the Food We Eat," Civil Eats, April 17, 2019, https: //civileats.com/2019/04/17/what-the-insect-apocalypse-has-to-do-with-the-food-we-eat/.

19. See Steffan Navedo-Perez, "New York City Takes 'Major Next Step' on Fos-sil Fuel Divestments," Chief Investment Officer, January 23, 2020, https:// www.ai-cio .com/news/new-york-city-takes-major-next-step-fossil-fuel-divestments/undefined.

20. For example, see Half-Earth Project, https: //www.half-earthproject.org/.

21. Wildlands Network, "Eastern Wildway," https: //wildlandsne twork.org/wild ways/eastern/.

22. Ron Sutherland, Wildlands Project, interview with the author, April 2019.

23. Antarctic and Southern Ocean Coalition, "Passing of Bob Hawke," May 16, 2019, https: //www.asoc.org/explore/latest-news/1872-passing-of-bob-hawke.

24. Deborah Tabart, interview with the author, January 2018.

25. Australian Koala Foundation, "Petrie: Will He Act or Axe?," https: //www.sa vethekoala.com/our-work/petrie.

26. See https: //thelionssharefund.com/.

27. Mark Bittner, The Wild Parrots of Telegraph Hill: A Love Story...with Wings （New York: Broadway Books, 2005）.

28. A recent study utilizing Christmas Bird Count data has concluded that there are twenty-five species of parrots breeding in twenty-three different US states. See grrlscientist, "Escaped Pet Parrots Are Now Naturalized in 23 U.S. States," Forbes, May 21, 2019, https: //www.forbes.com/sites/grrlscientist/2019/05/21/escaped-pet-parrots-are-now-naturalized-in-23-u-s-states/#572c30b154cb.

29. From the short documentary film Creating an 'Urban Ark'for Endangered Spe-cies in Los Angeles, https: //www.kcet.org/shows/earth-focus/creating-an-urban-ark-for-endangered-species-in-los-angeles.

30. Urban Ark.

31. Renkl, "Surviving Despair."

参考文献

Ackerman, Jennifer. The Genius of Birds. New York: Penguin Books, 2016.

Audubon Society. "Native Plants Database," n.d. https://www.audubon.org/native-plants.

Beatley, Timothy. Biophilic Cities: Integrating Nature into Urban Design and Planning. Washington, DC: Island Press, 2011.

Beatley, Timothy. Handbook of Biophilic City Planning and Design. Washington, DC: Island Press, 2017.

Bittner, Mark. The Wild Parrots of Telegraph Hill: A Love Story...with Wings. New York: Broadway Books, 2015.

Carrell, Severin. "Scottish GPs to Begin Prescribing Rambling and Birdwatching." Guardian, October 4, 2018. https://www.theguardian.com/uk-news/2018/oct/05/scottish-gps-nhs-begin-prescribing-rambling-birdwatching.

City of Toronto. "Toronto's Ravine Strategy: Draft Principles and Actions." Toronto, Ontario: City of Toronto, Parks and Environment Committee, June 16, 2016. https://www.toronto.ca/legdocs/mmis/2016/pe/bgrd/backgroundfile-94435.pdf.

Cremades, Marc, and Ng Soon Chye. Hornbills in the City: A Conservation Approach to Hornbill Study in Singapore. Singapore: National Parks Board, 2012.

Fallon, Katie. Vulture: The Private Life of an Unloved Bird. Lebanon, NH: ForeEdge, an imprint of University Press of New England, 2017.

Finn, Hugh C., and Nahiid S. Stephens. "The Invisible Harm: Land Clearing Is an Issue of Animal Welfare." Wildlife Research 44, no. 5 (2017): 377–91. https://doi.org/10.1071/WR17018.

Foderaro, Lisa W. "Researching Stop Signs in the Skies for Birds." New York Times, May 13, 2014. https://www.nytimes.com/2014/05/14/nyregion/researchers-hope-bird-friendly-glass-can-help-reduce-migration-deaths.html?emc=edit_th_20140514&nl=todaysheadlines&nlid=66824535&_r=1.

Gunts, Edward, and James Russiello. "Richard Olcott/Ennead Architects Completes Bird-Friendly 'Integrated Science Commons' for Vassar College." Architect's News-paper, May 20, 2016. https://archpaper.com/2016/05/richard-olcott-ennead-archi tects-vassar-college/#gallery-0-slide-0.

Harkness, Joe. Bird Therapy. London: Unbound, 2019.

Lanham, J. Drew. The Home Place: Memoirs of a Colored Man's Love Affair with Nature. Minneapolis, MN: Milkweed, 2016.

Lewis-Stempel, John. Where Poppies Blow: The British Soldier, Nature, the Great War. London: Weidenfeld & Nicolson, 2016.

Louv, Richard. Our Wild Calling: How Connecting with Animals Can Transform Our Lives—and Save Theirs. Chapel Hill, NC: Algonquin Books, 2019.

Marzluff, John. Welcome to Subirdia: Sharing Our Neighborhoods with Wrens, Robins, Woodpeckers, and Other Wildlife. New Haven, CT: Yale University Press, 2014.

Marzluff, John, and Tony Angell. Gifts of the Crow: How Perception, Emotion, and Thought Allow Smart Birds to Behave Like Humans. New York: Simon & Schuster, 2012.

Narango, Desirée L., Douglas W. Tallamy, and Peter P. Marra. "Nonnative Plants Re-duce Population Growth of an Insectivorous Bird." Proceedings of the NationalAcad-emy of Sciences 115, no. 45 (2018): 11549–54. https://doi.org/10.1073/pnas.1809259115.

Prum, Richard O. The Evolution of Beauty: How Darwin's Forgotten Theory of Mate Choice Shapes the Animal World—and Us. New York: Doubleday, 2017.

Strycker, Noah. Birding without Borders: An Obsession, a Quest, and the Biggest Year in the World. New York: Houghlin Mifflin Harcourt, 2017.

Strycker, Noah. The Thing with Feathers: The Surprising Lives of Birds and What They Reveal about Being Human. New York: Riverhead Books, 2014.

Tabb, Phillip James. Serene Urbanism: A Biophilic Theory and Practice of Sustainable Placemaking. London: Routledge, 2017.

Tallamy, Douglas W. Nature's Best Hope: A New Approach to Conservation That Starts in Your Yard. Portland, OR: Timber Press, 2019.

Viscount Grey of Fallodon. The Charm of Birds. New York: Frederick A. Stokes, 1927. Wells, Jeffrey V. Birder's Conservation Handbook: 100 North American Birds at Risk.

Princeton, NJ: Princeton University Press, 2007.

Wells, Jeffrey V. Boreal Birds of North America: A Hemispheric View of Their Conserva-tion Links and Significance. Berkeley: University of California Press, 2011.

著作权合同登记图字：01-2022-5954 号

图书在版编目（CIP）数据

鸟类友好城市 = The Bird-Friendly City /（美）
蒂莫西·比特利著；田琨，苏毅译；董卉，陈品垚校
. — 北京：中国建筑工业出版社，2023.11
书名原文：The Bird-Friendly City
ISBN 978-7-112-29278-3

Ⅰ.①鸟… Ⅱ.①蒂…②田…③苏…④董…⑤陈
… Ⅲ.①鸟类—动物保护 Ⅳ.① Q959.7

中国国家版本馆 CIP 数据核字（2023）第 190060 号

关键词：奥杜邦（Audubon）；（护鸟协会）比莱尔（国际重要）湿地（Beeliar Wetlands）；接近北极的北方森林
（Boreal forest）；北方鸣禽保护协会倡议；穴居猫头鹰；猫院（Catio）；芝加哥；烟囱刺尾雨燕；气候变化；雨
燕；康奈尔鸟类学实验室；eBird 易鸟软件（全球观鸟记录平台）；"提醒人们灯光对鸟类会有致命危害的行动
组织"（FLAP）；全球观鸟日；栖息地的丧失；生态修复；林业法案；熄灯（护鸟行动）；伦敦；候鸟迁徙路线；
纽约；冠斑犀鸟；珀斯；农药；凤凰城；波特兰；掠食行为；蕾切尔·卡森（Rachel Carson）《寂静的春天》；
旧金山；新加坡；雨燕保护；多伦多；温哥华；兀鹫；狂野本性致詹蒂、卡罗琳娜和安妮

责任编辑：姚丹宁
书籍设计：张悟静
责任校对：姜小连
校对整理：李辰馨

鸟类友好城市
The Bird-Friendly City
[美]蒂莫西·比特利　著
田　琨　苏　毅　译
董　卉　陈品垚　校

*
中国建筑工业出版社出版、发行（北京海淀三里河路 9 号）
各地新华书店、建筑书店经销
北京雅盈中佳图文设计公司制版
北京中科印刷有限公司印刷
*
开本：880 毫米 × 1230 毫米　1/32　印张：8½　字数：223 千字
2024 年 1 月第一版　2024 年 1 月第一次印刷
定价：30.00 元
ISBN 978-7-112-29278-3
　　　（41989）